Bauwerksabdichtung

Planung, Qualitätssicherung und Sanierung

52. Frankfurter Bausachverständigentag 2017

Bauwerksabdichtung

Planung, Qualitätsicherung und Sanierung

52. Frankfurter Bausachverständigentag 2017

Tagungsband

Veranstalter:

RG-Bau im RKW Kompetenzzentrum

mit

BDB Bund Deutscher Baumeister Architekten und Ingenieure e. V.

Hauptverband der Deutschen Bauindustrie e. V.

Fraunhofer-Informationszentrum Raum und Bau IRB

IFB Institut für Bauforschung e. V.

VBD Verband der Bausachverständigen Deutschlands e. V.

VHV Versicherungen

ZDB Zentralverband des Deutschen Baugewerbes e. V

Fraunhofer IRB Verlag

Bibliografische Information der Deutschen Nationalbibliothek
Die Deutsche Nationalbibliothek verzeichnet diese Publikation in der Deutschen Nationalbibliografie; detaillierte bibliografische Daten sind im Internet über www.dnb.de abrufbar.

ISBN (Print) 978-3-8167-9966-5 ISBN (E-Book) 978-3-8167-9967-2

Bauwerksabdichtung – Planung, Qualitätsicherung und Sanierung
52. Frankfurter Bausachverständigentag 2017
Tagungstermin: 29. September 2017
Tagungsort: Kongresszentrum der Deutschen Nationalbibliothek, Frankfurt am Main

Veranstalter:
RG-Bau im RKW Kompetenzzentrum, Düsseldorfer Straße 40 A, 65760 Eschborn
mit
BDB Bund Deutscher Baumeister Architekten und Ingenieure e. V., Berlin
Hauptverband der Deutschen Bauindustrie e. V., Berlin
Fraunhofer-Informationszentrum Raum und Bau IRB, Stuttgart
IFB Institut für Bauforschung e. V., Hannover
VBD Verband der Bausachverständigen Deutschlands e. V., Braunschweig
VHV Versicherungen, Hannover
ZDB Zentralverband des Deutschen Baugewerbes e. V., Berlin

Fachreferent Bausachverständigentag
Dipl.-Ing. Günter Blochmann, Leiter RG-Bau im RKW Kompetenzzentrum

Redaktion: Fraunhofer IRB Verlag, Stuttgart
Satz: Fraunhofer IRB Verlag, Stuttgart
Druck und Bindung: BoD – Books on Demand, Norderstedt

Fraunhofer-Informationszentrum Raum und Bau IRB
Nobelstraße 12, 70569 Stuttgart
Telefon +49 7 11 9 70 -25 00
Telefax +49 7 11 9 70 -25 08
irb@irb.fraunhofer.de
www.baufachinformation.de

Coverbilder: Silke Sous (links), Rainer Hohmann (Mitte), Ralf Ruhnau (rechts)

52. Bausachverständigentag

Vorwort

Seit mehr als 50 Jahren führt die RG-Bau im RKW Kompetenzzentrum den Frankfurter Bausachverständigentag zur Prävention von Bauschäden und zur Qualitätssicherung durch. In dieser Zeit hat er sich zu der Plattform für den Informations- und Erfahrungsaustausch für Planer, Bauausführende und Bausachverständige entwickelt.

Untersuchungen zeigen, dass fehlerhafte Gebäudeabdichtungen zu den Hauptursachen für Gebäudeschäden zählen. Erdberührte Bauteile, Balkone und Terrassen sowie Dächer gehören zu den am häufigsten betroffenen Gebäudeteilen. Bauwerksabdichtungen erfordern daher die besondere Beachtung der Bauschaffenden.

Beim 52. Frankfurter Bausachverständigentag stellen deshalb namhafte Experten Grundlagen der Planung und Qualitätssicherung sowie Möglichkeiten der nachträglichen Abdichtung und Instandsetzung vor. Anhand von Praxisbeispielen zeigen Baupraktiker die richtige Abdichtung im Bestand, von Balkonen und Terrassen, auf dem Parkdeck sowie beim Dach.

Neue Normen und Anwendungsrichtlinien werden dargestellt und kommentiert. Wie mit modernen Baustoffen und intelligenter Planung Feuchteschäden vermieden werden können, ist ein weiteres Thema. Abgerundet wird die Veranstaltung mit rechtlichen Tipps und Empfehlungen zur Berücksichtigung von anerkannten Regeln der Technik und technischen Regelwerken. Die breite Themenstellung sowie die Diskussion mit den Referenten schärft das Problembewusstsein der Teilnehmer und fördert damit letztlich die Prävention von Bauschäden.

Unser besonderer Dank für die tatkräftige Unterstützung bei der Vorbereitung und Durchführung des Frankfurter Bausachverständigentages geht an unsere Mitveranstalter, den BDB Bund Deutscher Baumeister Architekten und Ingenieure e. V., den Hauptverband der Deutschen Bauindustrie e. V., das Fraunhofer-Informationszentrum Raum und Bau IRB, das IFB Institut für Bauforschung e. V., den VBD Verband der Bausachverständigen Deutschlands e. V., die VHV Versicherungen und den Zentralverband des Deutschen Baugewerbes e. V.

Günter Blochmann
Leiter der RG-Bau im RKW Kompetenzzentrum

Inhaltsverzeichnis

Bauwerksabdichtungen im Spiegel der Zeit – Technologie und Regelwerke

Die neuen Normen DIN 18531 bis 18535 ersetzen die bisherige DIN 18195, Teile 1 bis 10 und Beiblatt 1 (Ausgaben 2000 bis 2011). Die WU-Richtlinie wurde vom DAfStb überarbeitet.

Gerhard Klingelhöfer

Abstract: Das bisherige zentrale Regelwerk für Bauwerksabdichtungen DIN 18195, Teile 1 bis 10, und Beiblatt 1 wurden zuletzt im Jahre 2011 teilweise redaktionell bearbeitet und aktualisiert herausgegeben. Ähnliches gilt für die DIN 18531, Teile 1 bis 4 für Dachabdichtungen, die zuletzt im Jahre 2010 überarbeitet veröffentlicht wurde. Danach wurde in Arbeitsausschüssen von DIN 18195 und DIN 18531 entschieden, dass man die Regelwerke für Bauwerksabdichtungen und Dachabdichtungen grundsätzlich neu gliedern und in fünf neue Einzelregelwerke (DIN 18531 bis 18535) aufteilen möchte, wobei bezogen auf die jeweiligen Anwendungsbereiche dann in fünf speziellen DIN-Arbeitsausschüssen gleichzeitig diese neuen Abdichtungsnormen von Experten beraten und erarbeitet wurden. Nach den Entwurfsveröffentlichungen in den Jahren 2015 und 2016 wurden die eingegangenen Einsprüche beraten und in die Weißdruckfassungen der o. g. DIN-Normen eingearbeitet, sodass dann im Juli 2017 die neuen Regelwerke für Abdichtungen gegen Wasser mit DIN 18531 bis 18535 und eine neue Begriffe-Norm DIN 18195 mit einem Beiblatt 2 veröffentlicht und tagesgleich die bisherige DIN 18195 und DIN 18531 zurückgezogen wurden. Nun steht der Planung und Baupraxis ein neues, modernes und umfassendes Regelwerk für Abdichtungen von Bauwerken zur Verfügung. Außerdem wurde die Richtlinie für wasserundurchlässige Bauwerke aus Beton vom Deutschen Ausschuss für Stahlbeton überarbeitet und ist gegen Jahresende zu erwarten.

Keywords: Bauwerksabdichtung, Abdichtungen, Dachabdichtungen, DIN 18195, DIN 18531, DIN 18532, DIN 18533, DIN 18534, DIN 18535, WU-Richtlinie, DAfStb, wasserunduchlässige Betonkonstruktionen, DIN SPEC 18117, Radonschutz

1 Grundsätzliches über Abdichtungen gegen Wasser

Wasser ist das Lebenselexier für Flora und Fauna sowie für uns Menschen. Es ist die Grundlage für das biologische Leben auf der Erde und man sucht sogar im Weltall nach Planeten, die ebenfalls über Wasser verfügen. Nach der historischen Vier-Elemente-Lehre gehört Wasser neben Feuer, Luft und Erde zu den vier Grundelementen, die alles Sein in den bestimmten Mischungsverhältnissen bestimmen sollen.

In der Baupraxis zeigt sich Wasser oftmals aber schädigend für die Bausubstanz und laut verschiedener Statistiken sollen mehr als zwei Drittel aller Bauschäden auf schädigende Wasser- oder Feuchteeinwirkungen zurückzuführen sein.

Langjährig bewährte Erfahrungssätze lauten dazu:

- Wasser hat einen spitzen Kopf!
- Wasser ist konsequent!
- Wasser findet jedes Loch in einer Abdichtung!

Das H_2O-Wassermolekül ist besonders klein (Molekülradius ca. 0,28 nm), sodass zum Vergleich in einen 0,2 mm breiten Haarriss etwa 430.000 Wassermoleküle nebeneinander passen, mit entsprechendem Molekülabstand aufgrund der Polarität. Man kann sich daher vorstellen, durch welch kleine Öffnungen bereits Wasser bzw. Wassermoleküle

hindurchtreten können (siehe auch Diffusionsvorgänge), sodass Abdichtungsstoffe gegen Wasser im Allgemeinen ein möglichst dichtes, porenfreies Gefüge benötigen. Zur Abdichtung gegen Wasser sind bspw. Metalle, Glas, Bitumen, Kunststoffe u. Ä. geeignet. Wasser tritt im Bauwesen in allen drei Aggregatzuständen auf, d. h. gas- oder dampfförmig, flüssig und fest als Eis (mit einer Volumenzunahme von ca. 11 % bei der Eisbildung aus dem flüssigen Zustand. (Vorsicht! Es kann erheblicher Sprengdruck durch diese Volumenzunahme bei Behinderungen entstehen, der z. B. auch massive Bauteile schädigen oder Felsen sprengen kann.)
Viele Baustoffe sind feuchteempfindlich und verändern sich negativ durch Wasser- oder Feuchteeinwirkungen. Außerdem bietet Wasser meistens die Grundlage für schädigende biologische Vorgänge an Bauwerken und Baustoffen, wie z. B. Fäulnis oder Pilzwachstum und andere mikrobielle, physikalische oder chemische Schadensmechanismen.
Aus diesem Schadenspotenzial des Wassers ergibt sich im Bauwesen schon immer die grundsätzliche Notwendigkeit alle feuchteempfindlichen Bauwerksteile, Baustoffe u. a. vor schädigenden Wassereinwirkungen durch dauerhafte Abdichtungen, Überdachungen, Schutzbeschichtungen o. Ä. wirksam zu schützen. Aus dieser bautechnischen Notwendigkeit resultieren auch die Regelwerke für Bauwerksabdichtungen und Dachabdichtungen als Leitfäden für die fachgerechte Planung und Baupraxis. Der Bundesgerichtshof hat vor einigen Jahren dazu einen Leitsatz geprägt, der da heißt: »Ein Dach muss dicht sein!« (siehe BGH 11.11.1999 VII ZR 403/98 und IBR 2000, 65). Gleichfalls könnte man daraus auch ähnliche Leitsätze ableiten, wie z. B.: »Ein Keller muss dicht sein!« oder »Eine Fassade muss dicht sein!« u. v. a. m.
Diese Ansprüche und die diffizile Wasserproblematik werden leider häufig von den Planern und Bauschaffenden so nicht grundsätzlich erkannt. Meistens dauert es bis zur ersten schädigenden Wassereinwirkung am Bauwerk, die natürlich »keiner wollte« und die sich »keiner erklären« kann, außer der fachkundige Bausachverständige, den man aber oftmals dann erst zuzieht, wenn es schon (fast) zu spät ist, um größere Schäden (und Fehler) zu vermeiden.
Diese Gefahrenlage durch Wassereinwirkungen haben auch die Bauaufsicht in der Musterbauordnung (MBO) und den jeweiligen Länderbauordnungen (LBO) erkannt und in §13 »Schutz vor schädigenden Einflüssen« der MBO (2002 bis 2016 und zum Teil auch schon früher) Folgendes festgelegt:
»Schutz gegen schädliche Einflüsse
Bauliche Anlagen müssen so angeordnet, beschaffen und gebrauchstauglich sein, dass durch Wasser, Feuchtigkeit, pflanzliche und tierische Schädlinge sowie andere chemische, physikalische oder biologische Einflüsse Gefahren oder unzumutbare Belästigungen nicht entstehen. Baugrundstücke müssen für bauliche Anlagen geeignet sein.«
Im Bundesland Hessen stand die Abdichtungsnorm DIN 18195, Teile 4 bis 6, sogar bis im Jahre 2013 auf der Liste der eingeführten technischen Baubestimmungen nach Hessischer Bauordnung (vgl. §3 HBO) und war damit quasi als bauaufsichtliche Vorschrift ultimativ zu beachten, d. h. für Abweichungen musste die Gleichwertigkeit erst bewiesen werden.

2 Ausgangssituation der Regeln für Bauwerksabdichtungen

2.1

Verschiedene Regelwerke für Abdichtungen gegen Wasser an Bauwerken gibt es schon seit Jahrzehnten in Deutschland, wobei aber auf die älteren Vorschriften (vor 1988), diverse Verbandsmerkblätter u. Ä. hier nicht weiter eingegangen wird, sondern primär die Normen im Fokus stehen. Im Jahre 1988 hatte man erstmals mit Herausgabe der umfangreichen DIN 18195 die verschiedenen Bauwerksabdichtungen bis auf die Dachabdichtungen (DIN 18531) in einer DIN-Norm mit zehn Teilen zusammengeführt. Die damalige Struktur dieses Regelwerkes sah eine unterschiedliche Gliederung nach allgemeinen Angaben, Begriffen, Stoffen, Ausführung, Anwendungsbereichen, Fugen, Details und Schutz der Abdichtungen vor. Im Jahre 2000 wurde eine erweiterte DIN 18195, Teile 1 bis 10, neu herausgegeben, die auf Bestreben der bauchemischen Hersteller u. a. erstmals auch kunststoffmodifizierte Bitumendickbeschichtungen (KMB) für einige Anwendungen (z. B. erdseitige Abdichtungen und Balkonabdichtungen) aufgenommen hatte. Dabei gab es damals größere Widerstände von Sachverständigen, Verbänden u. A. gegen die Aufnahme von KMB-Abdichtungen für den Lastfall »(zeitweise) aufstauendes Sickerwasser« in DIN 18195, Teil 6, Abschnitt 9.
In den letzten etwa zehn Jahren zeigte sich, dass neue Abdichtungsstoffe bzw. Abdichtungsarten, z. B. Abdichtungen im Verbund mit Fliesen und Platten (AIV), Flüssigkunststoffe (FLK), Estrichbahnen (EB), rissüberbrückende Dichtungsschlämmen (MDS) u. a. m. in der Baupraxis zwar erfolgreich angewendet werden, aber noch nicht in die DIN 18195 umfänglich integriert werden konnten. Dabei zeigten sich auch häufig formale Schwierigkeiten, weil diverse moderne Abdichtungen, aktuel-

le Balkonabdichtungen, Verbundabdichtungen (AIV) für Innenräume oder bewährte Oberflächenschutzsysteme für befahrbare Verkehrsflächen auf Beton noch nicht explizit in der DIN 18195 geregelt waren und der immer wichtiger werdende Chloridschutz von Stahlbetonbauteilen bei Verkehrs- und Parkbauwerken in diesem komplexen Regelwerk für Bauwerksabdichtungen nicht gut zu integrieren war. Außerdem gab es die Unterscheidung zwischen genutzten Dächern mit Bauwerksabdichtungen nach DIN 18195-5 und ungenutzten Dächern nach DIN 18531, was bei Planern und Bauausführenden oftmals nicht ausreichend verstanden, beachtet und oftmals falsch umgesetzt wurde.

Letztlich war auch die Abdichtungsthematik mittlerweile in den einzelnen Anwendungsbereichen so umfangreich und komplex geworden, dass ein Normen-Arbeitsausschuss für Bauwerksabdichtungen (AA DIN 18195) allein damit eher überlastet war.

Deshalb entschieden die Arbeitsausschüsse (AA) für DIN 18195 und für DIN 18531 in den Jahren 2010 und 2011 eine komplett neue Grundstruktur für die zukünftigen Abdichtungsnormen einzuführen, insgesamt fünf Arbeitsausschüsse und diverse Arbeitsgruppen einzurichten, um die neuen Abdichtungsnormen DIN 18531 bis 18535, gegliedert nach den Anwendungsbereichen der jeweiligen Abdichtungen, zu erarbeiten. Damit sich diese neuen Einzelnormen nicht widersprechen oder gegeneinander entwickeln, wurde ein übergeordneter Koordinierungsausschuss gebildet, dem alle Obleute der einzelnen Arbeitsausschüsse angehören und der bspw. für die Kompatibilität und Widerspruchsfreiheit der DIN 18531 bis 18535 und einheitliche Vorgaben sorgen soll.

3 Die sechs neuen Abdichtungsnormen 07-2017

3.1

Die Grundsätze für die Neuerarbeitung der Abdichtungsnormen DIN 18531 bis 18535 waren:

- Alle bisher bewährten Abdichtungsregeln aus DIN 18195 und 18531, die auch noch angewendet werden, sollen übernommen werden (Bestandschutz).
- Neue Abdichtungsstoffe, Bauweisen oder Bauarten, für die es Aufnahmeanträge und spezielle Erhebungsbögen mit positiven Praxiserfahrungen über mindestens fünf Jahre gibt, sollen aufgenommen werden.
- Insgesamt sollen die Abdichtungsregeln aktualisiert, modernisiert und bei Erfordernis konkretisiert sowie auf übliche, bewährte Anwendungsbereiche erweitert werden. Dabei sollen auch bisherige Missverständnisse, Regelungslücken o. ä. möglichst geklärt und verständlich geregelt werden.
- Für Abdichtungen von befahrenen Verkehrsflächen aus Beton soll eine neue Norm erstellt werden (siehe DIN 18532).
- Die Zuverlässigkeit von Abdichtungen soll insgesamt verbessert und in den neuen Normen explizit angesprochen oder Hinweise dazu gegeben werden

Übersicht zu den neuen Abdichtungsnormen Quelle: AIBau, Prof. Dr. R. Oswald†

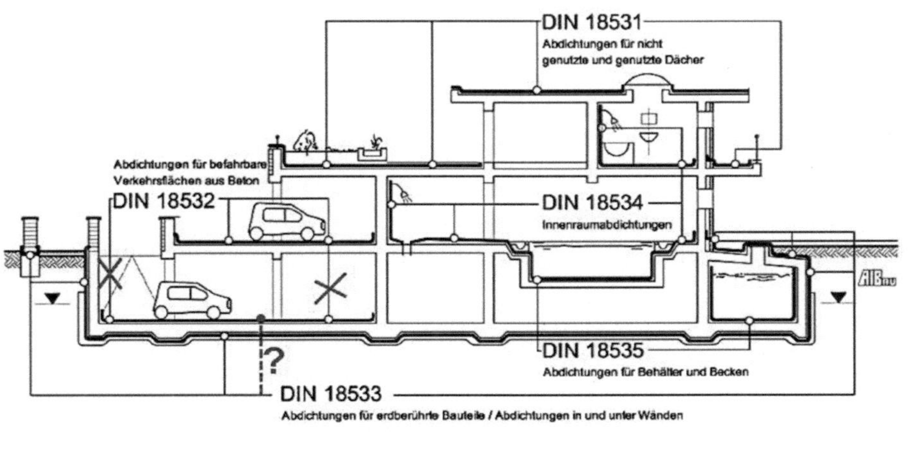

Bild 1 — Übersicht zu den Anwendungsbereichen der Normen für die Abdichtung von Bauwerken

Die neue DIN 18195 enthält alle Begriffsdefinitionen für die DIN 18531 – 18535.

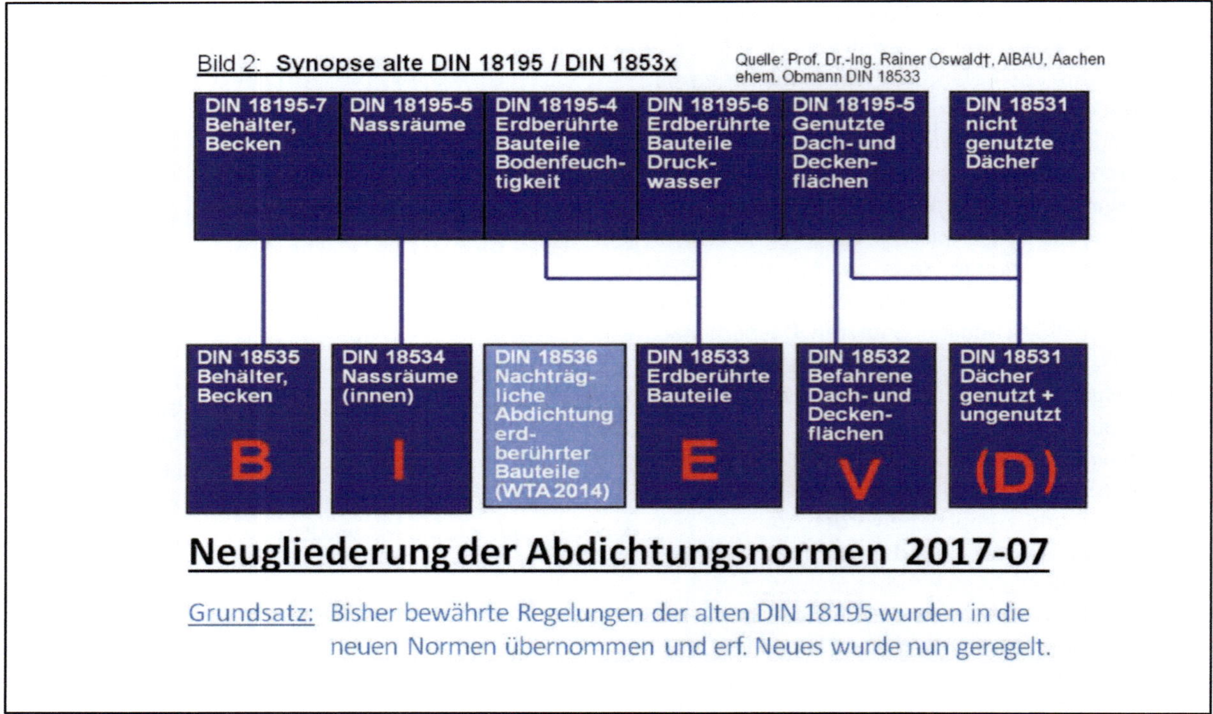

3.2

Im Laufe der Arbeit an den neuen Abdichtungsnormen ergaben sich auch zwei übergeordnete Problembereiche. Zum einen wurden einheitliche Begriffe und deren Definitionen im Sinne der Abdichtung gebraucht, um unterschiedliche Deutungen oder verschiedene Nutzungen von Begriffen auszuschließen. Zum anderen wurden einheitliche Regeln für die Sicherstellung und Messung von Schichtdicken flüssig verarbeiteter Abdichtungen gebraucht, weil es damit in der Baupraxis Probleme gab. Dazu wurden im Laufe der Normenbearbeitung zwei spezielle Arbeitsgruppen gebildet, die zum einen die Terminologienorm als neue DIN 18195 **Abdichtung von Bauwerken – Begriffe** übergreifend für alle neuen Abdichtungsnormen DIN 18531 bis 18535 erarbeitet haben und zum anderen gab es einen kleineren Arbeitskreis des Arbeitsausschusses für DIN 18533, der auch in Zusammenarbeit mit der Bundesanstalt für Materialprüfung BAM, das Beiblatt 2 zur DIN 18195 **Hinweise zur Kontrolle und Prüfung der Schichtdicken von flüssig verarbeiteten Abdichtungsstoffen** erarbeitet, und mit dem Arbeitsausschuss der DIN 18533 vorgelegt hat.

Nach den Entwurfsveröffentlichungen zu DIN 18531 bis 18535 in den Jahren 2015 und 2016 wurden die eingegangenen Einsprüche (z. T. mehrere Hundert Einsprüche pro Einzelnormenteil) beraten und in die Weißdruckfassungen der o. g. DIN-Normen eingearbeitet, sodass dann im Juli 2017 die neuen Regelwerke für Abdichtungen gegen Wasser DIN 18531 bis 18535 und eine neue Terminologie-Norm DIN 18195 mit einem Beiblatt 2 veröffentlicht und tagesgleich die bisherige DIN 18195 und DIN 18531 zurückgezogen wurden. Nun steht der Planung und Baupraxis ein neues, modernes, umfassendes Regelwerk für Abdichtungen von Bauwerken zur Verfügung, das weitgehend die anerkannten Regeln der Technik enthält.

3.3

Beispielhaft für einige wichtige, gute Neuerungen in den neuen Abdichtungsnormen ist aus der DIN 18533-1:2017-07 **Abdichtung von erdberührten Bauteilen** die neue Regelung im Absatz 5 zu den **Einwirkungen und Nutzungsklassen** vorzustellen. Es gibt nun vier verschiedene Wassereinwirkungsklassen von W1-E bis W4-E, die sich nur noch durch die Art der Wassereinwirkung und die Lage des abgedichteten Bauteils unterscheiden:

- W1-E Bodenfeuchte und nicht drückendes Wasser,
- W2-E drückendes Wasser,
- W3-E nicht drückendes Wasser auf erdüberschütteten Decken (max. hw <= 10 cm),
- W4-E Spritzwasser und Bodenfeuchte am Wandsockel sowie Kapillarwasser in und unter Wänden.

Bei der Klassifizierung der Wassereinwirkung kommt es nunmehr nicht mehr auf die eventuelle Art oder Bezeichnung des Wassers an (Hangwasser, Schichtenwasser, Sickerwasser u. a.), was nach alter DIN 18195-1:2011 oftmals zu streitigen Auseinandersetzungen führte, aber für die Auswahl der erdseitigen Abdichtung im Allgemeinen obsolet ist.
Zur Festlegung des Bemessungswasserstandes (HGW/HHW) am abzudichtenden Objekt enthält die neue DIN 18533-1 im Absatz 5.1.1 nun klare Regeln, wonach grundsätzlich für erdseitige Bauteile der Bemessungswasserstand auf der Geländeoberkante (GOK = HGW) oder bei bekannten Hochwasserständen in deren Höhe (HHW > GOK) anzusetzen ist. Von dieser Grundregel darf nur mit einem qualifizierten hydrogeologischen, objektspezifischen Gutachten abgewichen werden. Somit erspart man sich als Planer oder Bauausführender die wiederkehrenden Diskussionen, z. B. mit den Bauherrn darüber, wo der Bemessungswasserstand am Objekt liegen könnte oder ob ein objektspezifisches Baugrundgutachten benötigt wird. – Ja, man braucht seit Juli 2017 grundsätzlich ein hydrogeologisches Gutachten, wenn man unterhalb des Bemessungswasserstandes nicht gegen drückendes Wasser abdichtet (z. B. bei W1-E mit versickerungsfähigem Baugrund oder Dränung nach DIN 4095). Des Weiteren wurde in die o. g. Norm erforderliche statische Nachweise für die wasserdruckbelasteten Bauteile und deren Nachweis gegen Auftrieb aufgenommen (siehe Abs. 5.2 ff.)
Die neuen Abdichtungsnormen enthalten natürlich noch viele andere neue Regelungen und Angaben für Planer und Bauausführende, die man hier in der ganzen Vielfalt nicht vorstellen kann und deshalb den interessierten Leser nur zum kompletten Durchlesen der neuen Regelwerke animieren kann.

4 Alternative zu Abdichtungen mit WU-Beton-Bauwerken

4.1

Wenn man sich mit erdseitigen Abdichtungen von Bauwerken befasst, kommt auch oft der Einwand, dass man alternativ zu Schwarzen Wannen auch Weiße Wannen als WU-Bauwerke aus Beton planen und erstellen könnte, sodass man auf »hautartige« Abdichtungen nach DIN 18533 verzichten könnte. Dies ist aber nur zulässig, wenn tatsächlich Gleichwertigkeit besteht oder keine explizite Wasserdichtheit gefordert ist, denn WU-Betonkonstruktionen können bestenfalls wasserundurchlässig sein (zwischen den eventuell wasserführenden Trennrissen). Dies bestätigt auch die zuständige **Richtlinie für Wasserundurchlässige Bauwerke aus Beton** des Deutschen Ausschusses für Stahlbeton (DAfStb). Absolute Wasserdichtheit, wie bspw. bei Abdichtungen nach DIN 18533, kann mit wasserundurchlässigem Beton im Allgemeinen nicht erreicht werden, selbst wenn die Betonbauteile rissefrei bleiben würden. In der neuen Terminologienorm DIN 18195:2017-07 wurden auch die Begriffe »wasserdicht« und »wasserundurchlässig« gegeneinander abgegrenzt und klar definiert, damit zukünftige Verwechslungen primär ausgeschlossen werden.
Das heißt für die Planungs- und Baupraxis, wenn eine wasserdichte Wanne explizit gefordert oder vereinbart ist, kann man nicht einfach hergehen und behaupten, dass eine »wasserundurchlässige Betonwanne« eine 100%ig gleichwertige und fehlerfreie Alternative dazu wäre.
Andererseits kann es durchaus Untergeschosse mit geringen Anforderungen an die Trockenheit der Raumluft u. a. geben, für die eine alleinige Weiße Wanne aus WU-Beton (ggf. mit zeitweise wasserführenden Rissen oder feuchten Bauteilinnenoberflächen) ausreichen kann.
Bis zum Jahre 2003 gab es für wasserundurchlässige Bauwerke aus Beton kein qualifiziertes Regelwerk und man behalf sich mit Fachveröffentlichungen wie z. B. »Weisse Wannen – einfach und sicher!« von Lohmeier, diversen Zement-Merkblättern und DBV-Veröffentlichungen. Dann wurde die erste Ausgabe der DAfStb-Richtlinie **Wasserundurchlässige Bauwerke aus Beton** im Jahre 2003 veröffentlicht. In den letzten Jahren 2015 bis 2017 wurde diese WU-Richtlinie nun überarbeitet und wird voraussichtlich zum Jahresende als 2. Ausgabe der WU-Richtlinie 2017 neu aufgelegt. Im Rahmen dieser Überarbeitung wurden bspw. die Regeln zu den Entwurfsgrundsätzen (ESG) in der WU-Richtlinie ausführlicher beschrieben und klargestellt, dass der häufige Ansatz des ESG b) (Planung von rissbreitenbeschränkender Bewehrung zur Ermöglichung der Selbstheilung wasserführender Trennrisse) explizit für hochwertig genutzte Räumlichkeiten bei aufstauendem oder drückendem Wasser (Nutzungsklasse A und Beanspruchungsklasse 1) ausgeschlossen wurde und in diesen Fällen nur ESG a) (d. h. keine planmäßigen Trennrisse zugelassen) oder ESG c) (d. h. breitere Risse zulassen und deren Schließung mit späteren oder vorweggenommenen Rissabdichtungsmaßnahmen, z. B. abdichtende Rissinjektage, Rissbandagen oder Frischbetonverbund-Abdichtung FBV o. a.) zulässig ist. Außerdem wurden bei der Überarbeitung auch Weiße Dächer als WU-Betonkonstruktionen neu geregelt und einige andere Neuerungen aufgenommen.

4.2

Während sich Abdichtungen nach der alten DIN 18195 und WU-Bauwerke aus Beton gegeneinander abgrenzten und gegenseitig ausschlossen, wurden im Jahre 2009 in die damalige DIN 18195, Teil 9 auch Regelungen zu sogenannten Kombi-Abdichtungen aufgenommen, die die Übergänge von Abdichtungen im erdberührten Bereich auf Bodenplatten aus Beton mit hohem Wassereindringwiderstand beschreiben. Danach waren adhäsive Anschlüsse wie z. B. mit KMB-Abdichtungen auf mechanisch abtragend vorbereitete Stirnflächen von WU-Beton-Bodenplatten bis 3 m Eintauchtiefe im Lastfall »aufstauendes Sickerwasser« und diverse andere Übergänge (z. B. mit Los- und Festflansch oder anderen Einbauteilen) zulässig. Dementsprechende Regelungen sind nun auch in DIN 18533:2017-07 enthalten.

5 Zusammenfassung

5.1

Zusammenfassend ist festzustellen, dass die Regeln für Abdichtungen von Bauwerken und Bauteilen mit dem ständigen Fortschritt der Baustoffe und Bauverfahren, aber auch mit den wachsenden Ansprüchen an trockene, unbeschadete Bauteile und Bauwerke im modernen Hochbau mithalten müssen. Dazu sind Änderungen, Aktualisierungen und Neufassungen von Regelwerken unerlässlich. Mit den sechs neuen Abdichtungsnormen DIN 18531 bis 18535 und DIN 18195 mit Beiblatt 2 erfolgte die Ablösung der überholten, alten DIN 18195, Teile 1 bis 10 und Beiblatt 1 im Juli 2017.
Außerdem wurde die **Richtlinie für wasserundurchlässige Bauwerke aus Beton** vom DAfStb in den letzten zwei Jahren ebenfalls insgesamt überarbeitet und wird voraussichtlich gegen Jahresende als überarbeitete 2. Ausgabe der **WU-Richtlinie 2017** veröffentlicht, wobei nun auch Weiße Dächer als WU-Betonkonstruktionen aufgenommen wurden.
Die Planer und Bauschaffenden werden sich mit diesen neuen bzw. überarbeiteten Regelwerken intensiv beschäftigen müssen, wenn sie Abdichtungen von Bauwerken gegen Wasser o. Ä. planen und ausführen. Die neuen Regelwerke bieten aber auch eindeutigere Klassifizierungen und klare Angaben zur Auswahl der jeweils fachgerechten Abdichtung für den objektspezifischen Abdichtungsfall. Außerdem wurden einige praxisbewährte moderne Abdichtungsstoffe und Arten neu aufgenommen, die nun als geregelte Bauarten nach den anerkannten Regeln der Technik zur Verfügung stehen.

Lediglich die beiden »Nachzügler«-Teile 5 und 6 der DIN 18534:2017-08 zu Abdichtungen in Innenräumen mit bahnen- und plattenförmigen Verbundabdichtungen mit Fliesen und Platten (AIV-B/-P) stellen meines Erachtens derzeit lediglich einen geregelten Stand der Technik dar und müssen sich in den nächsten Jahren noch im Einzelnen die allgemeine Anerkennung und Bewährung verdienen.
Die jeweiligen informativen Anhänge zu den neuen Abdichtungsnormen DIN 18532 bis 18535 (bei DIN 18531 noch nicht angehängt) zu den Kriterien für die Wahl von Abdichtungsbauarten und der Zuverlässigkeit von Abdichtungen sind der Fachwelt zur intensiven Beachtung ans Herz zu legen, weil sie für die fachgerechte Auswahl von Abdichtungen sehr wichtig sind und eigentlich Punkt für Punkt vom Planer »abgearbeitet« werden sollten. Man wird sehen, wie diese »Kriterien für die Wahl von Abdichtungsbauarten« zukünftig Beachtung finden und wie die Rechtsprechung davon Gebrauch machen wird.

5.2

Vom Beuth-Verlag sind offizielle Kommentare zu den neuen Abdichtungsnormen DIN 18531 bis 18535 geplant und deren Bearbeitung ist derzeit in Vorbereitung. Wenn die Kommentarbearbeitung wie geplant abläuft, könnten in der zweiten Jahreshälfte 2018 diese DIN-Kommentare veröffentlicht werden.

5.3

Als Ausblick möchte der Verfasser es wagen zu prognostizieren, dass bspw. erdseitige Abdichtungen zunehmend als Abdichtungen gegen drückendes Wasser zu planen und auszuführen sein werden und dass Zusatzabdichtungen (z. B. FBV, PMBC u. Ä.) im Verbund mit WU-Beton-Bauwerken zukünftig als »Hybrid-Konstruktionen« bei hochwertig genutzten Untergeschossen im Druck- oder Stauwasser die Regelausführung werden könnten.
Auch in anderen Abdichtungsbereichen wird der Fortschritt im Bauwesen weitergehen und dementsprechend werden auch diese neuen Abdichtungsnormen in wenigen Jahren wieder zu aktualisieren und anzupassen sein.
Außerdem entsteht derzeit bereits eine weitere bauliche Aufgabe für Abdichtungen gegen exhalierende Radongase aus dem Baugrund, die in einem DIN-Arbeitsausschuss zur Erarbeitung der DIN SPEC 18117 **Bauliche und lüftungstechnische Maßnahmen zum Schutz vor Radon** bearbeitet wird und als Umsetzung der erhöhten Anforderungen aus dem neuen Strahlenschutzgesetz des Bundes (04-2017)

dienen soll. Ähnliche Abdichtungserfordernisse zum Schutz von Menschen in erdseitigen Innenräumen können sich auch bei anderen exhalierenden Gasen aus dem Baugrund ergeben, wie z. B. Kohlendioxid, Methan, Deponiegase o. Ä., die bei speziellen Vorkommen und besonderen Baugrundverhältnissen zu beachten sind.

Selbstverständlich sind nach der Normenveröffentlichung auch schon wieder Evaluierungen und weiterführende Beratungen angesetzt, weil es hier eigentlich keinen Stillstand gibt oder geben darf.

Für Anregungen, Vorschläge und konstruktive Mitarbeit sind die Arbeitsausschüsse der vorher genannten Regelwerke immer dankbar und nehmen Ihre Eingaben gerne entgegen (www.din.de oder www.dafstb.de).

6 Literaturhinweise

- DIN 4095 Dränung zum Schutz baulicher Anlagen (Ausgabe 1990-06)
- DIN EN 15814 Kunststoffmodifizierte Bitumendickbeschichtungen zur Bauwerksabdichtung - Begriffe und Anforderungen (Ausgabe 2015-03)
- DIN 18195, Teile 1 bis 10 und Beiblatt 1 Bauwerksabdichtungen (Ausgabe 2000 bis 2011), zurückgezogen im Juli-2017
- DIN 18195 Abdichtung von Bauwerken – Begriffe (Ausgabe 2017-07)
- DIN 18195 Beiblatt 2 Hinweise zur Kontrolle und Prüfung der Schichtdicken von flüssig verarbeiteten Abdichtungsstoffen (Ausgabe 2017-07)
- DIN 18531, Teile 1 bis 5, Abdichtung von Dächern sowie Balkone, Loggien und Laubengängen (Ausgabe 2017-07)
- DIN 18532, Teile 1 bis 6, Abdichtung von befahrbaren Verkehrsflächen aus Beton (Ausgabe 2017-07)
- DIN 18533, Teile 1 bis 3, Abdichtung von erdberührten Bauteilen (Ausgabe 2017-07)
- DIN 18534, Teile 1 bis 4 (Ausgabe 2017-07) und Teile 5 und 6 (Ausgabe 2017-08), Abdichtung von Innenräumen
- DIN 18535, Teile 1 bis 3, Abdichtung von Behältern und Becken (Ausgabe 2017-07)
- Deutscher Ausschuss für Stahlbeton im DIN e. V. (Hrsg.): DAfStb-Richtlinie – Wasserundurchlässige Bauwerke aus Beton. Berlin: 2003
- Deutscher Ausschuss für Stahlbeton im DIN e. V. (Hrsg.): DAfStb-Richtlinie – Wasserundurchlässige Bauwerke aus Beton. 2. überarb. Aufl., Berlin: 2017
- Deutscher Ausschuss für Stahlbeton im DIN e. V. (Hrsg.): Erläuterungen zur DAfStb-Richtlinie Wasserundurchlässige Bauwerke aus Beton. 2. überarb. Aufl. In: DAfStb-Heft 555 (2006), derzeit noch in Bearbeitung und für Ende 2018 zur Veröffentlichung geplant
- Deutscher Beton- und Bautechnikverein e. V. (Hrsg.): DBV Heft 37 »Frischbetonverbundfolie« (Sachstandbericht – Beiträge des Fachkolloquiums). Berlin 2016

Darüber hinaus gibt es noch eine Fülle von Merkblättern, Arbeitsblättern, Fachliteratur und Fachveröffentlichungen zum Thema Bauwerksabdichtungen, auf die aber hier nur allgemein hingewiesen werden kann.

Autor

Dipl.-Ing. Gerhard Klingelhöfer BDB
Sachverständigen- & Ingenieurbüro für Bautechnik
Goethestraße 49
35415 Pohlheim
klingelhoefer-pohlheim@t-online.de

Studium des Bauingenieurwesens an der Fachhochschule Gießen Friedberg, seit 1991 selbständig im eigenen Ingenieurbüro für Bautechnik und Tragwerksplanung; seit 1996 Beratender Ingenieur der Ingenieurkammer Hessen; ab 2001 ö.b.u.v. Sachverständiger für Schäden an Gebäuden der IHK Gießen-Friedberg; Lehrbeauftragter an der Technischen Hochschule Mittelhessen FB Bau; stellv. Obmann im Arbeitsausschuss DIN 18533; Mitarbeit in verschiedenen Arbeitsausschüssen DIN 18534; 18195 und DIN SPEC 18117 sowie im Unterausschuss WU-Richtlinie des DAfStb als Experte des ZDB Berlin; Fachbuchautor und Dozent für verschiedene Fachvorträge; Vorsitzender der SV-Prüfungskommission der akkred. EIPOSCERT GmbH für die Zertifizierung von Sachverständigen für Schäden an Gebäuden nach DIN EN ISO 17024 und Mitglied in diversen SV-Prüfungskommisionen von Ingenieurkammern; Schiedsrichter im Schiedsgericht des LVS-Hessen; Ombudsmann für Schäden an Gebäuden in Tiefengeothermieprojekten u. a. m.

Mit modernen Baustoffen und intelligenter Planung Schäden vermeiden

Erst planen – dann bauen

Ralf Ruhnau

Abstract: Schäden an Abdichtungen treten weit überwiegend an Anschlüssen, Fugen und Durchdringungen auf; die Abdichtung von Flächen ist weniger schadensanfällig. Schäden vermeiden erfordert also Detailplanung! An diesen Details muss sich dann die Regelausführung des Rohbaus, der Haustechnik und der Flächenabdichtung orientieren. Das heißt: Erst Details planen – dann bauen.

Keywords: Detailplanung, Planungsteam, Baupraxis, Sonderlösungen

Vorwort Planung, Qualitätssicherung und Sanierung?

Es gibt natürlich auch positive Beispiele, aber die Abfolge von schlechter Planung, dem Auffinden von Fehlern und Mängeln durch »Qualitätskontrolle« und der anschließenden Sanierung ist leider die Regel.

Der Titel der Tagung sollte nicht Programm sein; sanieren (lat. *sanare*) heißt »gesund machen« und muss die Ausnahme bleiben. Die Regel sollte die Planung und Errichtung »gesunder« Bauwerke sein.

Die zahllosen Debatten, Berichte und Analysen über Termin- und Kostenüberschreitungen haben inzwischen bei fast allen Bauschaffenden die Erkenntnis gebracht, dass Planen und Bauen teamorientiert und partnerschaftlich in enger (digitaler) Vernetzung stattfinden sollte. Allein die Praxis sieht zumindest zurzeit noch anders aus: Planungsaufträge werden zu Konditionen abgeschlossen, die qualitätsvolle, sorgfältige Planungen kaum ermöglichen. Das eingesparte Honorar wird vom Bauherrn in baubegleitende Qualitätsüberwachung gesteckt, die dann Defizite aufdeckt, die oft nur noch durch Sanierung »geheilt« werden können. Dies gilt es durch intelligente Planung zu verhindern.

1 Erst planen – dann bauen

Auch das ist eine Binsenweisheit, die allerdings auch suggeriert, dass auf der einen Seite die Planer sitzen, ihre abgeschlossenen Planungen preisgeben (ausschreiben) und dann die Bauindustrie diese Planungen umsetzt. In der Realität werden jedoch diese Planungen oftmals von den Praktikern der Bauunternehmen umgeplant, modifiziert oder durch praktikablere, preiswertere Alternativen ersetzt. Die Folge davon ist, dass mehr und mehr Generalunternehmer Planung und Ausführung aus einer Hand bewerkstelligen. Sowohl private als auch zunehmend öffentliche Auftraggeber lassen immer weniger Spielraum für kleine und mittlere Planungsbüros.

Planen und Bauen muss weiterhin getrennt bleiben, aber intelligentes nachhaltiges Planen kann nur gelingen, wenn von **Anbeginn** des Planungsprozesses die planungsbeteiligten Architekten und Ingenieure unter Einbeziehung der Erfahrungen der Baupraktiker auf Augenhöhe im Team zusammenarbeiten.

Voraussetzung für intelligentes Planen ist aber vor allem auch eine breite Kenntnis über Baustoffe, Bauverfahren und deren Vor- und Nachteile. Ein Festhalten an Bekanntem – nach dem Motto »Haben wir schon immer so gemacht!« – ist allein schon im Hinblick auf die rasante Entwicklung und Weiterentwicklung von Bauprodukten, gerade auf dem Gebiet der Bauwerksabdichtungen stets zu hinterfragen.

2 Drei Möglichkeiten, um Schäden zu vermeiden

Am besten lassen sich Schäden vermeiden, indem mit einem qualifizierten Planungsteam, das mit angemessenen Honoraren und auskömmlichen Terminvorgaben ausgestattet ist, vorausschauend geplant wird, das heißt, dass auch die Realisierbarkeit von Bauabläufen – ggf. unter Hinzuziehung von Beratern aus der Baupraxis – geprüft wird.

Die schlechteste Möglichkeit, Schäden zu vermeiden, ist, aus eigenen Fehlern zu lernen (»trial and error«) und führt in der Regel dazu, dass das Altbewährte wiederholt und Neues gar nicht erst versucht wird, um neue Fehler zu vermeiden.

Als dritte Möglichkeit verbleibt, aus den Fehlern anderer zu lernen, indem nicht nur produktbezogene, sondern entsprechende neutrale Fachliteratur hinzugezogen wird, wie zum Beispiel die Fachbuchreihe **Schadenfreies Bauen** des Fraunhofer IRB Verlages [1].

3 Alternative Baustoffe für die gleiche Bauaufgabe

Auf dem Gebiet der Bauwerksabdichtungen werden unermüdlich immer universeller einsetzbare Materialien entwickelt und sowohl auf dem professionellen Baustoffmarkt als auch für Heimwerker angeboten. Von »Abdichtungscreme« für Mauerwerkstrockenlegungen bis »Baudicht« bieten Hersteller immer einfacher zu verarbeitende Produkte für jegliche Abdichtungsaufgaben an. Da kann der Planer dann wählen zwischen

- ein- oder mehrlagigen Bitumenbahnen,
- Kunststoffbahnen unterschiedlichster Art und Verarbeitungsweise,
- kunststoffmodifizierten Bitumendickbeschichtungen oder auch reinen Kunststoffdickbeschichtungen (Hybridabdichtungen),
- Flüssigkunststoffen,
- WU-Beton,
- Bentonitabdichtungen,
- Verbundfolien und
- Injektionen unterschiedlichster Art und Verarbeitungsweise.

Alle diese Baustoffe sind in der Regel so gut wie ihre Verarbeitung, wobei die Anwendungsgrenzen, ob durch Normen, Prüfzeugnisse oder Herstellerangaben vorgegeben, natürlich zu beachten sind.

Moderne Baustoffe, die im Trend der Zeit liegen, müssen nicht zwangsläufig neu sein. Die Abdichtung mit WU-Beton beispielsweise ist eine moderne, häufig angewandte Abdichtungsweise, die nicht mehr als neu bezeichnet werden kann. Betrachtet man allerdings die sehr häufig angewandte Errichtung von WU-Betonwandkonstruktionen in Elementbauweise, so ergeben sich herstellungsbedingt Widersprüche zwischen den Vorgaben der WU-Richtlinie [2] und der Fertigteilproduktion: Die in [2] geforderte Beschaffenheit der Innenseiten der Elementwandplatten die den Verbund und eine hohlraumfreie Verbindung zwischen Kernbeton und Elementwandplatten sicherstellt (kornraue, vollflächige Verbundfläche), gelingt zwar für die zuerst gefertigte Betonhalbschale, ist handwerklich für die anschließend betonierte, zweite Wandhälfte gar nicht oder allenfalls im Randbereich möglich. Die Folge sind nicht selten ein unzureichender Verbund mit dem auf der Baustelle einzufüllenden Kernbeton und ein entsprechendes voraussehbares Schadensrisiko (Bild 1).

Bild 1 WU-Beton-Elementwand vor dem Ausbetonieren: obere FT-Oberfläche aufgekämmt gemäß [2], untere FT-Oberfläche unbehandelt mit Betonschlempe

Als weiteres Beispiel ist die Abdichtung mit plattenförmigen Abdichtungen zu nennen, die zwar neu und im Teil 6 der neuen DIN 18534 sogar genormt, aber nicht modern im Sinne von »im Trend liegend und häufig angewendet« ist, da sie bisher in der Praxis kaum angewandt wurde und technisch fragwürdig ist.
Die Entscheidung, welches Produkt und welches Bauverfahren am besten geeignet ist, hängt letztlich

immer vom Einzelfall und den herrschenden konkreten Randbedingungen ab. Den Einsatz von flüssig zu verarbeitenden Kunststoffen zu planen, die nur bei frostfreier Witterung auf trockenen Untergründen verarbeitbar sind, ist beispielsweise nicht sinnvoll und von vornherein konfliktbeladen, wenn die geplante Bauzeit in das Winterhalbjahr fällt. Gleiches gilt für die Verarbeitung von elastischen Dichtstoffen nach DIN 18540. Ist geplant, dass die Ausführung in die kalte Jahreszeit mit zu erwartenden Temperaturen unter 5 °C fällt, so ist es intelligenter, beispielsweise die Fugenabdichtung mit vorkomprimierten Bändern (Bild 2) zu planen, die auch bei Extremtemperaturen verarbeitbar sind.

Bild 2 Dehnungsfuge mit vorkomprimiertem Fugenband abgedichtet

4 Intelligent planen

Was zeichnet eine intelligente Planung aus? Wenn man die Indikatoren für die zahlreichen Analysen von Planungsdefiziten und die Hauptkritikpunkte bei der Realisierung von Bauvorhaben betrachtet, so scheint das Ziel intelligenter Planung »schneller« und »billiger« zu sein. Intelligentes Planen ist aber vielmehr vorausschauend und nachhaltig, das heißt wenig fehleranfällig und möglichst redundant. Konkret heißt das: **Erst die Details lösen!** Die Flächen lassen sich mit »allem« zuverlässig abdichten. An- und Abschlüsse sowie Durchdringungen sind schon parallel zur Rohbauplanung im (dreidimensionalen) Detail zu lösen und Rohbau und Flächenabdichtung sind daran anzupassen.

Letztlich ist es unerheblich, ob der Planer auf genormte, dem allgemein anerkannten Stand der Technik entsprechende Lösungen zurückgreifen kann oder Sonderlösungen entwickelt, die dann mit dem Bauherrn zu vereinbaren sind, solange er ingenieurmäßig lösungsorientiert arbeitet. Dazu gehört auch, dem Bauherrn und den Nutzern Möglichkeiten und Grenzen der jeweiligen Abdichtungslösung aufzuzeigen und auf Risiken und auch Widersprüche in Normen und sonstigen Regelwerken hinzuweisen. Einige Praxisbeispiele mögen dies verdeutlichen:

Beispiel 1 – Detail Türzargenanschluss

Für die systemkonforme Abdichtung von Kanten und Ecken geben Herstellerrichtlinien und zum Teil auch Normen klare Anweisungen, in der Regel sind entsprechende Formteile verfügbar, die in die Flächenabdichtung einbinden. Bei Beachtung dieser Vorgaben und Verwendung entsprechender Einbauteile sollte eine fachgerechte dauerhafte Ausführung keine besondere Herausforderung für Planer und Ausführende sein. Bei dem Anschluss von Türzargen im Ixelbereich Boden/Wand werden beide jedoch allein gelassen. Weder die Türzargenhersteller noch die Abdichtungsindustrie liefern hier standardmäßige Lösungen – sowohl bei bituminös abgedichteten Terrassentüranschlüssen (Bild 3 und Bild 4) als auch bei mit Flüssigkunststoff im Verbund abgedichteten Badezimmer-Türschwellen (Bild 5). Hier verbleibt in der Planung ein »weißer Fleck«, der durch Improvisation in der Ausführung mehr oder weniger geschlossen wird. Eine frühzeitige Detailplanung – orientiert an auf dem Markt auch erhältlichen Bauteilen – und eine kompatible Festlegung der Abdichtungsebenen und Aufkantungshöhen können erheblichem Stress auf der Baustelle bei der Qualitätskontrolle bzw. Schäden bei fehlender Kontrolle vorbeugen.

Bild 3 Bituminöser Abdichtungsanschluss an Terrassentürzarge

Bild 4 Detail aus Bild 3: Türzargenixel ohne ausreichende Abdichtung des Zargenprofils

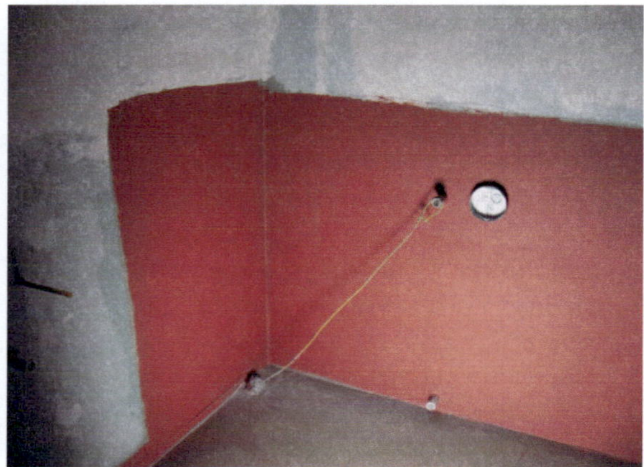

Bild 6 Verbundabdichtung im Bad mit Rohrdurchdringungen

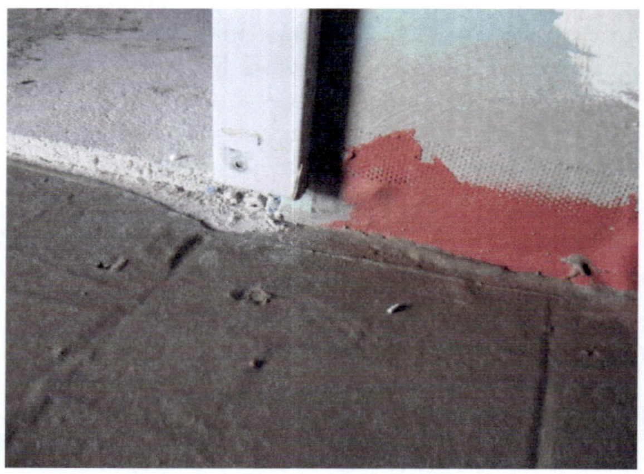

Bild 5 Badezimmertürzarge: Fehlender Abdichtungsanschluss an das Zargenprofil und die Bodenschwelle

Bild 7 Detail aus Bild 6: Unzureichend eingedichtete Rohrdurchdringung unmittelbar an aufgehender Wand

Beispiel 2 – Eindichtung von Rohrdurchführungen

Anders als bei den Türzargenixeln existieren für die fachgerechte systemkonforme Abdichtung von Durchdringungen jede Menge Formteile, die dann allerdings auch norm- bzw. herstellerkonform eingebaut werden müssen. Dazu gehören in erster Linie auch Mindestrandabstände zu Kehlen und Kanten, die nur sicher einzuhalten sind, wenn wiederum Installationen bereits in der Rohbauphase so hergestellt werden, dass im **Ausbauzustand** (nach Einbau von Wärmedämmschichten und Estrich) immer noch ausreichende Abstände eingehalten werden. Eben hierzu muss die Detailplanung **vor** Baubeginn vorliegen. In der Praxis findet man aber allzu oft zwar hervorragend abgedichtete Flächen vor (Bild 6), die Rohrdurchdringungen sind aber kaum geeignet, um noch den Einbau der passenden Abdichtungsmanschetten zuzulassen (Bild 7).

Beispiel 3 – Moderne bodengleiche Duschen

Nicht nur im Zuge des behindertengerechten Bauens, sondern auch weil es offenbar modern ist, werden in Wohngebäuden immer öfter schwellenlose, bodengleiche Duschen vom Bauherrn gewünscht und entsprechend ausgeführt. Sofern ein ausreichendes Gefälle geplant wird und die Dusche in ausreichender Entfernung von der Badezimmereingangstür angeordnet wird, sollte das abdichtungstechnisch kein Problem sein; die Verbundabdichtung hinter den Fliesen muss eben einen ausreichend groß bemessenen Spritzwasserbereich abdecken. Problematisch ist allerdings besonders bei beengten Raumverhältnissen die nutzungsbedingte Spritzwasserbelastung bei oftmals gewünschter Weglassung von geschlossenen Abtrennungen (Bild 8 und Bild 9), die keinen Mangel darstellt, solange es keine Pfützenbildung auf dem Boden gibt.

Bild 8 Offene, bodengleiche Dusche

Bild 9 Offene, bodengleiche Dusche (beengte Verhältnisse)

Zur Vermeidung endloser Diskussionen, ob hier fachgerecht geplant wurde, wenn nach dem ersten ausgiebigen Duschbad das ganze Badezimmer unter Wasser steht, sollte der Bauherr allerdings über diesen »gewollten« Umstand bei Planungs**beginn** aufgeklärt werden.

Beispiel 4 – Schwellenlose Außentüren: behindertengerecht oder abdichtungskonform?

Barrierefreiheit ist spätestens seit Inkrafttreten des Bundes-Behindertengleichstellungsgesetzes im Jahr 2002 zumindest im öffentlichen Raum eine allgemeingültige gesellschaftlich geforderte Zielstellung. Das bedeutet, dass damit auch alle öffentlichen Gebäude baulich so zu gestalten sind, dass Menschen mit Behinderungen ohne besondere Erschwernis und grundsätzlich ohne fremde Hilfe sich orientieren und bewegen können. Spätestens seit Verankerung der DIN 18040-1 **Barrierefreies Bauen Planungsunterlagen – öffentlich zugängliche Gebäude** in den technischen Baubestimmungen der Länderbauordnungen sind konkrete Anforderungen an die bauliche Ausbildung unserer Gebäude verbindlich vorgegeben.

Eine widerspruchsfreie, den allgemein anerkannten Regeln der Technik entsprechende Planung stellt die Planer jedoch vor die Aufgabe, permanent Sonderlösungen zu kreieren und zu begründen: So berücksichtigt auch die gerade vollständig neu bearbeitete Normenreihe für Bauwerksabdichtungen DIN 18531 bis 18535 als Ersatz für DIN 18195 nicht die Forderungen der DIN 18040 nach schwellenlosen Türöffnungen, in der allenfalls maximale Schwellenhöhen bis 2 cm als begründete Sonderlösung noch toleriert werden [3].

In den Abdichtungsnormen werden dementgegen nach wie vor schwellenlose Türöffnungen wiederum nur als im Einzelfall zu planende und mit dem Bauherrn und den übrigen Planungsbeteiligten abzustimmende Sonderlösungen zugelassen.

Der Planer ist also beim Konstruieren dieses Abdichtungsdetails permanent in einem Dilemma, da er immer eine Sonderlösung planen muss – entweder eine Sonderlösung nach DIN 18531 für das Regeldetail nach DIN 18040 oder umgekehrt. Zur Vermeidung späterer Mängel oder auch Schäden ist hier eine ingenieurmäßige integrale Planung vom Rohbau an notwendig und mit allen Planungsbeteiligten und dem Bauherrn abzustimmen.

Beispiel 5 – Das Fugendetail im WU-Beton

Ob Arbeitsfuge oder Bewegungsfuge – für die sichere redundante Abdichtung innerhalb von WU-Beton-Konstruktionen gibt es jede Menge Alternativen und Kombinationsmöglichkeiten von Fugenblechen, Fugenbändern, Injektionsschläuchen und Einbauteilen. Es nützt nur nicht allzu viel, wenn die Regelfugen vorbildlich mit mehrlagigen Fugenbändern ausgeführt sind, die sich dann »planlos« irgendwo treffen, verbunden und dann auch noch lunkerfrei vom Beton ummantelt werden wollen (Bild 10).

Bild 10 Unkoordinierter »Treffpunkt« von Dehnungsfugenbändern in einer WU-Betonkonstruktion

Auch hier gilt unverändert: Erst das Detail planen und auf Ausführbarkeit überprüfen, der Regelverlauf lässt sich dann dem anpassen und nicht umgekehrt.

Beispiel 6 – Rohrverlegung im WU-Beton – redundante Abdichtung mit Frischbetonfolie

Wie gut, dass es Normen und die WU-Richtlinie gibt, die es dem Planer ermöglichen, Querschnittsabmessungen, zum Beispiel bei Halbfertigteil-Deckenkonstruktionen, bis auf den letzten noch zulässigen Millimeter abzuspecken. Wenn dann noch unplanmäßige, aber notwendige Leerrohre gebündelt untergebracht werden sollen, ist die dauerhafte Dichtigkeit wohl infrage zu stellen (Bild 11). Sofern die Qualitätskontrolle diesen Mangel vor der Ortbeton-Betonage noch entdeckt, beginnt die Suche nach praktikabler Heilung (Sanierung). Die nachträgliche Beschichtung der fertiggestellten WU-Betonoberfläche mit Flüssigkunststoff oberhalb der potenziellen Rissverläufe im Bereich der Rohrtrassen (Bild 12) ist sicher nur ein Kompromiss, der vorausschauende Planung nicht ersetzen kann.

Bild 11 Bündelung von Leerrohren in einer Halbfertigteil-WU-Betondecke

Bild 12 Flüssigkunststoffbeschichtung auf potenziell rissgefährdeten Bereichen von Leerrohrverläufen innerhalb einer WU-Betondecke

Mit vorausschauender Planung und modernen Baustoffen lässt sich aber auch die Verlegung von Rohrleitungen in WU-Betonsohlen fachgerecht redundant realisieren:
Sind die Rohrtrassen bekannt, so können Frischbetonfolien unterhalb der zukünftigen WU-Betonsohle in diesem Bereich verlegt werden, sodass entlang der Rohrachsen am ehesten zu erwartende Rissbildungen im Beton unterseitig im Verbund mit der Folie abgedichtet werden (Bild 13 und Bild 14).

Bild 13 Verlegung von Frischbetonfolien (weiß) entlang vorgesehener Rohrtrassen innerhalb einer WU-Betonsohle (Überblick)

Bild 14 Frischbetonfolie mit roter Farbmarkierung zukünftiger Rohrverläufe (Detail aus Bild 13)

Die im Zuge der Bewehrungsverlegung eingebauten Rohre werden nicht schadensträchtig auf der Folie senkrecht abgestützt, sondern mit entsprechenden waagerechten Halterungen an der Bewehrung fixiert (Bild 15), sodass keine Einbauteile den unteren Betonquerschnitt durchörtern und eine Beschädigungsgefahr für die Folie darstellen.

Bild 15 Bewehrungskorb und Rohrverlegung oberhalb der Frischbetonfolie

Zusätzlich werden schließlich noch Quellbänder (Bild 16) oder Dichtkragen (Bild 17) in sinnvollen Abständen um die Rohre gelegt, um gegebenenfalls entlang der Rohrwandungen vagabundierendes Wasser aufzuhalten. Durch diese Kombination von Abdichtungsmaßnahmen ist bei planungsgemäßer Ausführung ein Maximum an Sicherheit gegeben, das zukünftige Sanierungen entbehrlich macht.

Bild 16 Horizontale Rohrbefestigung am Bewehrungskorb und Dichtmanschette aus Quellband um den Rohrquerschnitt

Bild 17 Dichtkragen um Rohrdurchmesser im Rohranschlussbereich

5 Schlussbemerkung

Intelligente Planung mit modernen Baustoffen erfordert neben umfassender Kenntnis der Möglichkeiten und Grenzen am Markt verfügbarer Produkte **zuerst** die Konstruktion der Abdichtungs**details** und Einpassung in die Rohbauplanung **vor Baubeginn** – erst die Details planen, dann bauen!

6 Literatur

[1] Ruhnau, Ralf (Hrsg.): Schadenfreies Bauen, Band 1 bis 48, Stuttgart: Fraunhofer IRB Verlag, 2017

[2] Deutscher Ausschuss für Stahlbeton im DIN e. V. (Hrsg.): DAfStb-Richtlinie Wasserundurchlässige Bauwerke aus Beton (WU-Richtlinie), Berlin: November 2003

[3] Metlitzky, Nadine/Engelhardt, Lutz: Barrierefreies Bauen – Funktions- und Konstruktionsmängel. Schadenfreies Bauen 48, Stuttgart: Fraunhofer IRB Verlag, 2017

Autor

Dr.-Ing. Ralf Ruhnau

- Begründer und geschäftsführender Gesellschafter der CRP Bauingenieure GmbH, Berlin-Hamburg-Hannover-München, www.crp-bauingenieure.de;
- von der IHK Berlin ö.b.u.v. Sachverständiger für Schäden an Gebäuden sowie Betontechnologie, insbesondere Feuchteschäden und Korrosionsschutz;
- Herausgeber der Fachbuchreihe »Schadenfreies Bauen« des Fraunhofer IRB-Verlages, Präsident der Baukammer Berlin;

Abdichtung im Bestand

Nachträgliche Abdichtung von Rissen und Fugen bei WU-Konstruktionen

Rainer Hohmann

1 Einleitung

Zahlreiche Bauwerke im Hoch- und Industriebau, im Ingenieurbau sowie im Wasser- und Tiefbau werden als wasserundurchlässige Bauwerke aus Beton erstellt. Undichtigkeiten bei Rissen und Fugen sind jedoch leider keine Seltenheit. Bild 1 zeigt typische Beispiele.

Bild 1 Undichtigkeit bei einer Arbeitsfuge (links) bzw. einer Dehnfuge (rechts)

Wasserführende Risse und undichte Fugen müssen fachgerecht und dauerhaft abgedichtet werden. Bei Rissen geschieht dies in der Regel durch Injektion eines geeigneten Injektionsmaterials.

Bild 2 zeigt das Beispiel eines wasserführenden Risses in einer WU-Bodenplatte.

Bild 2 Wasserführender Riss in einer WU-Bodenplatte

Bei der Sanierung undichter Fugen handelt es sich im Regelfall um objektspezifische Maßanfertigungen. Je nach Fugenart, Schadensbild, Aufbau und Lage des Bauteils, Beanspruchung und spezifischen Gegebenheiten des Objektes kann die Abdichtung u. a. durch

- Injektion
- Einbau einer Klemmkonstruktion
- Aufbringen eines streifenförmigen, vollflächig aufgeklebten Fugenabdichtungsbandes

erfolgen.

Der folgende Beitrag gibt einen Überblick über die derzeit in der Baupraxis angewendeten unterschiedlichen Methoden zur nachträglichen Abdichtung von Rissen, Hohlräumen und undichten Fugen bei wasserundurchlässigen Bauwerken aus Beton.

2 Schadensursachen

Um ein fachgerechtes Konzept für die Instandsetzung und Abdichtung von Rissen und undichten Fugen aufstellen zu können, muss zunächst die Frage nach der Ursache gestellt werden. Diese Frage ist oftmals nicht einfach zu beantworten.

2.1 Risse

Risse gehören zur Betonbauweise dazu und sind keine Seltenheit (siehe Bild 3). Sie treten dann auf, wenn zum Risszeitpunkt die Dehnfähigkeit des Betons überschritten wird. Bei den Rissursachen muss zwischen betontechnologischen Ursachen, z. B. Hydratationswärme, Schwinden und Kriechen sowie beanspruchungsbedingten Ursachen, wie z. B. Lasteinflüssen, Verformungsbehinderung, Temperatur, Setzungen und Baugrundverformungen unterschieden werden.

Bild 3 Riss in einer WU-Konstruktion

Die Wahl des Entwurfskonzeptes hat Einfluss auf Risse und Rissbildung. Für die Konstruktion von wasserundurchlässigen Bauwerken hat der Planer nach [3] die Wahl zwischen verschiedenen Entwurfsgrundsätzen, d. h.:

a) Verhindern von Trennrissen durch die Vermeidung bzw. Reduzierung von Zwangsspannungen (Grundsatz: Vermeidung von Trennrissen),
b) Begrenzung der Trennrisse auf ein Maß, das keinen Wasserdurchtritt ermöglicht oder auf Risse, die sich durch Selbstheilung schließen (Grundsatz: Zulassen von Trennrissen mit begrenzter Rissbreite und Selbstheilung),
c) Rissbreiten, die in Kombination mit Dichtungsmaßnahmen die Anforderungen an die Wasserundurchlässigkeit erfüllen (Grundsatz: Zulassen von Trennrissen und deren planmäßiges Abdichten).

Neben den planmäßigen Rissen, die den Entwurfsgrundsätzen b) und c) geschuldet sind, kann es bei allen Entwurfsgrundsätzen prinzipiell auch zur Bildung von unplanmäßigen Rissen kommen. Risse, die wasserführend sind oder wasserführend werden können, müssen fachgerecht und dauerhaft abgedichtet werden. Ein entsprechendes Beispiel zeigt Bild 4.

Bild 4 Riss, der über die Injektionspacker verpresst wurde

2.2 Undichte Fugen

Undichtigkeiten bei WU-Konstruktionen treten oftmals auch im Bereich von Arbeits- und Stoßfugen, Sollrissquerschnitten und Bewegungs- oder Dehnfugen auf. Bild 5 zeigt das Beispiel einer undichten, vertikalen Arbeitsfuge.

Bild 5 Undichtigkeit bei einer vertikalen Arbeitsfuge

Typische Fehler, die zu Undichtigkeiten bei Fugen führen können, sind z. B.:

- Auswahl eines für die objektbezogenen Randbedingungen nicht geeigneten Fugenabdichtungssystems,
- es wurde kein geschlossenes Abdichtungssystem geplant,
- eine fehlende Fugenabdichtung,
- eine falsch dimensionierte Fugenabdichtung,
- der Bemessungswasserstand wurde nicht oder nicht richtig eruiert,
- Details des Abdichtungssystems (Anschlusspunkte, Stöße, Kreuzungspunkte) wurden nicht geplant, sondern der Baustelle überlassen.

Häufig sind es auch Ausführungsfehler auf der Baustelle, die letztlich zu undichten Fugen führen. Typische Beispiele hierfür sind:

- eine nicht lagerichtige Fugenabdichtung, z. B. umgeklappte Fugenbänder, aufgeschwommene Injektionsschläuche oder quellfähige Fugeneinlagen infolge unzureichender Befestigung,
- zu tief einbetonierte bzw. nicht ausreichend tief einbetonierte Fugenbänder oder Fugenbleche,
- nicht fachgerecht ausgeführte Stöße, Kreuzungspunkte oder Anschlüsse von Abdichtungssystemen,
- mangelnder Abstand zwischen Bewehrung und Fugenabdichtung,
- eine wilde Arbeitsfuge (unplanmäßige Arbeitsfuge, durch eine nicht geplante Unterbrechung beim Betonieren),
- Betonierschatten, Hohlräume und Fehlstellen im Bereich von Streckmetallabschalungen,
- eine mechanische Beschädigung des Fugenabdichtungssystems,
- das Einbetonieren stark verschmutzter oder mit einer Eisschicht (Winter) belegter Fugenbänder oder Fugenbleche,
- eine verschmutzte und nicht gesäuberte Arbeitsfuge,
- eine unzureichende Einbindung der Fugenbänder in den Beton (durch unzureichende Verdichtung, zu hohe Fallhöhe beim Betonieren, Entmischung des Betons, durch zu eng liegende Bewehrung, mangelnde Entlüftung).

Weitere typische Planungs- und Ausführungsfehler werden ausführlich u. a. in [9, 10] beschrieben.

2.3 Hohlräume und Gefügestörungen

Hohlräume und Gefügestörungen in Betonbauteilen sind in der Regel auf eine mangelhafte Bauausführung zurückzuführen. Ursache können z. B. eine unzureichende Verdichtung, Entmischungen während des Betonierens oder Absackungen/Betonierschatten unterhalb der Bewehrungsstäbe sein.

3 Methoden zur nachträglichen Abdichtung von Rissen und undichter Fugen

Für die Sanierungsplanung stellt sich die Frage nach der geeigneten Methode, um Risse und undichte Fugen dauerhaft abzudichten. Welche Methode letztlich zum Einsatz kommt, hängt von einer Vielzahl von Parametern ab. Bauwerk, Art und Aufbau der Bauteile, Schadensbild, Schadensursache, ggf. die Fugenart, die Beanspruchung (Wasserdruck, Verformung), ggf. besondere spezifische Gegebenheiten des Objektes, Zugänglichkeit, zeitlicher Aufwand, nicht zuletzt aber auch wirtschaftliche Überlegungen sowie die Vorstellungen, die Vorgaben und das Sicherheitsbedürfnis des Bauherrn sind entscheidende Parameter für die Auswahl des Verfahrens. Die Wahl der Sanierungsmethode ist eine objekt- und schadensspezifische »Maßanfertigung«. Einen Überblick über die verschiedenen Methoden zur Abdichtung von Rissen, Hohlräumen und Gefügestörungen sowie undichten Fugen gibt Tabelle 1. Die Tabelle nimmt keine Bewertung der einzelnen Methoden hinsichtlich der Gleichwertigkeit vor, sondern führt nur die derzeit in der Baupraxis und den Regelwerken gängigen Verfahren auf.

Sowohl Risse als auch undichte Arbeits- und Stoßfugen können im Regelfall bei fachgerechter Ausführung und der Wahl eines geeigneten, auf die objektspezifischen Randbedingungen abgestimmten Füllstoffes durch Injektion über Injektionspacker abgedichtet werden. Ziel ist es hierbei, alle möglichen Wasserwegigkeiten und Fehlstellen durch die Injektion des Füllstoffes zu verfüllen und abzudichten oder den Wasserzutritt zur Konstruktion bzw. Fuge durch Ausbildung eines geschlossenen Injektionsschleiers vor der Konstruktion (Schleiervergelung) oder durch Füllen von Bauteil- bzw. Bauwerkszwischenräumen (Flächeninjektion) zu verhindern.

Undichtigkeiten im Bereich von Arbeitsfugen können über die gezielte Injektion eines geeigneten Füllstoffes abgedichtet werden. Liegt in der Arbeitsfuge ein fachgerecht eingebauter Injektionsschlauch, so kann die Arbeitsfuge über eine Verpressung des Injektionsschlauches abgedichtet werden. Auch können undichte Arbeitsfugen unter Umständen mit streifenförmigen Abdichtungssystemen überklebt werden.

Bei undichten Dehnfugen ist entscheidend, ob eine Umläufigkeit im Bereich des Dichtteils oder eine Beschädigung des Dehnteils vorliegt. Im ersten Fall kann die Dehnfuge über eine Injektion im Bereich des umläufigen Dichtteils abgedichtet werden. Im zweiten Fall, einem beschädigten Dehnteil, ist es entscheidend, ob die Verformungen schon abgeschlossen sind oder ob noch Verformungen erwartet werden. Bei abgeschlossenen Verformungen kann die Fuge über eine partielle Schleierinjektion oder durch Injektion der Fuge direkt abgedichtet werden.

Tabelle 1 Methoden zur Abdichtung von Rissen/undichten Fugen

Methode		Wasserdurchlässigkeit bei						
						Dehnfugen		
		Rissen	Hohlräumen und Gefügestörungen	Arbeitsfugen	Sollrissquerschnitten	Umläufigkeit des Dichtteils	Beschädigung des Dehnteils	Durchdringungen (z. B. Rohrdurchführungen)
Partielle Injektion über Injektionspacker		x	x	x	x	x		x
Partielle Injektion über Klebepacker		x [5]	-	-	-	-	-	-
Vergelung	der Fuge (erdreichseitig)						x	
Vergelung	der Fuge (luftseitig, in Kombination mit einer Verdämmung)						x	
Vergelung	vor dem Bauteil (partielle Schleierinjektion)						x	
Nachverpressung über einen Injektionsschlauch				x [1, 2]		x [1, 2]		
Abklebesysteme				x			x [3, 4]	
Klemmkonstruktion							x	

[1] einfachverpressbares, aber noch nicht verpresstes Injektionsschlauchsystem

[2] wieder- oder mehrfachverpressbares Injektionsschlauchsystem, das für eine Nachverpressung verwendet werden kann
[3] nur bei geringem Wasserdruck/geringen Verformungen; zulässiger Wasserdruck/zulässige Verformung systemabhängig entsprechend den Herstellerangaben; ggf. ist eine Stützkonstruktion erforderlich
[4] Die Betonoberfläche, auf die das Abklebesystem aufgebracht wird, muss in der Regel trocken sein (systemabhängig).
[5] Die Betonoberfläche, auf die Klebepacker aufgeklebt werden sollen, muss im Rissbereich trocken sein.

Sind bei Dehnfugen noch Verformungen zu erwarten, so ist in Abhängigkeit der Beanspruchung (Verformung, Wasserdruck) häufig der Einbau einer beidseitigen Klemmkonstruktion oder bei geringerer Belastung ein Überkleben der Fuge mit einer streifenförmigen Abdichtung oder einem Fugenband erforderlich.
Im Folgenden wird auf die verschiedenen Methoden eingegangen. In allen Fällen hängt der Erfolg der nachträglichen Abdichtung maßgeblich von der Qualifikation, der Erfahrung und der Sorgfalt der Ausführenden ab.

4 Sanierungskonzept

Die Planung einer nachträglichen Abdichtung ist eine komplexe und anspruchsvolle Aufgabe, die viel Erfahrung und Fachkenntnis erfordert. Im Vorfeld der Instandsetzungsmaßnahme ist ein Sanierungskonzept von einem sachkundigen Planer aufzustellen. Dieses sollte neben der Beschreibung des Ist-Bauzustandes, des Schadensbildes und des Bemessungswasserdrucks auch das Instandsetzungsziel und das anzuwendende Verfahren beschreiben. Voraussetzung hierfür ist eine fachgerechte und sorgfältige Schadensaufnahme und -analyse.
In diesem Zusammenhang muss zunächst die Frage nach der Ursache für die Undichtigkeit gestellt werden. Diese Frage ist oftmals nicht einfach zu beantworten. Auch sind genaue Kenntnisse der Konstruktion und der objektspezifischen Randbedingungen erforderlich. Hier sind u. a. folgende Fragen zu beantworten:

- Wie ist die Konstruktion aufgebaut und welche Bauteilstärke weist sie auf?
- Wie stark sind die Bauteile beiderseits der Fuge bewehrt? Wo liegt die Bewehrung?
- Sind die Bewegungen schon abgeschlossen oder mit welchen Bewegungen ist noch zu rechnen?
- Welcher Bemessungswasserdruck muss bei der Erstellung des Sanierungskonzeptes zugrunde gelegt werden?
- Wie sieht das planerische Gesamtsystem der Abdichtung aus? Für welche Bewegungen/Wasserdruck wurde die vorhandene Abdichtung bemessen?
- Mit welchem Abdichtungssystem wurden die Fugen abgedichtet? Welche Breite hat z. B. das Fugenband oder Fugenblech? Wurde tatsächlich das in den Ausführungsplänen angegebene System eingebaut? Wie wurden die Anschlüsse, Kreuzungspunkte ausgeführt? Liegen Stöße, Anschlüsse oder Kreuzungspunkte im Bereich oder in der Nähe der undichten Fuge?
- Wurde ein Injektionsschlauchsystem als alleinige oder zusätzliche Abdichtung eingebaut? Steht dieses noch für eine Verpressung zur Verfügung? Sind die Verpressenden noch zugänglich? Wo sind die Verwahrdosen angeordnet?
- Wie ist die Bauteiloberfläche beiderseits der Fuge beschaffen (Festigkeit, Rissefreiheit, Ebenheit)?
- Wie hoch ist der Feuchtegehalt des Bauteils/der Bauteiloberfläche?
- Wie ist das angrenzende Erdreich beschaffen (Bodenart, Lagerungsdichte, Korngrößenverteilung, Porenanteil, Wassergehalt, Durchlässigkeit)?
- Ist die abzudichtende Fuge für eine Sanierung dauerhaft zugänglich oder nur zu bestimmten Zeiten, z. B. im Fall von U-Bahn-Betrieb?
- Wurden schon Sanierungsmaßnahmen durchgeführt, die erfolglos waren? Wenn ja, welche?

Bei Rissen ist es zudem wichtig, folgende Informationen über die Risse zu kennen:

- die Rissursache,
- die Rissbreite,
- die Rissbreitenänderung (kurzzeitig, täglich, langzeitig),
- den Risszustand (Feuchtigkeit, Verschmutzung),
- den Rissverlauf.

Im Rahmen des Sanierungskonzeptes ist ferner Folgendes zu beschreiben bzw. vorzugeben:

- der für die Injektion zu verwendende Füllstoff bzw. die Anforderungen an die Eigenschaften des Füllstoffes,
- die wesentlichen injektionstechnologischen Parameter (z. B. Art der Packer, bei Injektionspackern Durchmesser des Injektionspackers und des Bohrkanals, Lage und Abstand der Bohrungen, Bohrlochtiefe, Bohrwinkel, Verankerungstiefe der Injektionspacker, Bohrraster),
- der maximale Injektionsdruck,
- ggf. Angaben zur Vorinjektion,

- Angaben zum Zeitpunkt der Injektion (vor allem bei zeitabhängigem Bauteilverhalten, das zu Riss und Fugenbewegung führt) und zur Nachverpressung,
- Angaben zu ggf. erforderlichen flankierenden Maßnahmen (z. B. Verdämmung),
- die Anforderung an die Qualitätssicherung und Dokumentation.

Dies sind nur einige Fragen und Informationen, die für die richtige Auswahl der Methode zur nachträglichen Abdichtung und die Planung der Sanierung wichtig sind.

5 Sanierung durch Injektion

5.1 Regelwerke

Rissfüllstoffe müssen der DIN EN 1504-5 **Produkte und Systeme für den Schutz und die Instandsetzung von Betontragwerken - Definitionen, Anforderungen, Qualitätsüberwachung und Beurteilung der Konformität - Teil 5: Injektion von Betonbauteilen** [4] entsprechen. DIN EN 1504-5 [4] legt Anforderungen und Konformitätskriterien für die Identitätsprüfung, die Leistung (einschließlich Aspekten der Dauerhaftigkeit) und die Sicherheit von Rissfüllstoffen für die Instandsetzung von Betontragwerken fest, die für Folgendes verwendet werden:

- kraftschlüssiges Füllen
- dehnbares Füllen
- quellfähiges Füllen

von Rissen, Hohlräumen und Fehlstellen in Beton.
DIN V 18028 **Rissfüllstoffe nach DIN EN 1504-5 mit besonderen Eigenschaften** [5] enthält zusätzliche Festlegungen für Rissfüllstoffe nach DIN EN 1504-5 [4], um diese bei Instandsetzungen nach der Instandsetzungsrichtlinie [2] anwenden zu können. Ergänzend werden in DIN V 18028 [5] Festlegungen für Polyurethanschaum (SPUR) getroffen.
Die WU-Richtlinie [3] verweist in Kapitel 12 **Dichten von Rissen und Instandsetzung von Fehlstellen** auf die Richtlinie **Schutz und Instandsetzung von Betonbauteilen (Instandsetzungsrichtlinie)** [2] des Deutschen Ausschusses für Stahlbeton.
Weiterführende Hinweise zur Rissverpressung sind auch in den zusätzlichen technischen Vertragsbedingungen und Richtlinien für Ingenieurbauten (ZTV-ING), Teil 3 **Massivbau**, Abschnitt 5, **Füllen von Rissen und Hohlräumen in Betonbauteilen** [1] zu finden.

5.2 Instandsetzungsziele

Zur Instandsetzung von Rissen kommen folgende Instandsetzungsziele und -prinzipien zur Anwendung:

- Schließen der Risse als Schutz gegen das Eindringen von Schadstoffen in das Bauteil,
- Abdichten der Risse als Schutz gegen das Durchdringen des Bauteils,
- (begrenztes) dehnfähiges Verbinden der Rissflanken mit elastischen Materialien zum dauerhaft begrenzt beweglichen Verschluss des Risses,
- kraftschlüssiges Verbinden der Rissflanken zur Herstellung eines zug- und druckfesten Verbundes im Bauteil.

5.3 Füllstoffe

Welche Füllstoffe kommen für die abdichtende Injektion von Rissen sowie Arbeits- und Stoßfugen infrage? Die WU-Richtlinie [3] schränkt die Verwendung auf solche Füllstoffe ein, welche die Anforderungen nach der DAfStb-Richtlinie **Schutz und Instandsetzung von Betonbauteilen** [2] erfüllen, d. h. Polyurethanharz (PUR), Epoxidharz (EP), Zementsuspension (ZS) und Zementleim (ZL).
Die Wahl des geeigneten Füllstoffes ist abhängig von den Randbedingungen, wie z. B. dem Feuchtezustand des Risses und der Bauteiloberfläche, der Rissbreite und der ggf. zu erwartenden Rissbreitenänderung. In der Regel werden für die abdichtende Injektion von Rissen Injektionsharze auf Polyurethanbasis verwendet. Hierbei handelt es sich um lösungsmittelfreie, niedrigviskose, elastische, porenbildende Füllstoffe (PUR), die ihre Abdichtwirkung über Flankenhaftung erzielen, siehe auch [6 bis 8].
Damit sie ein möglichst gutes Penetrationsverhalten zeigen, sollten verwendete Polyurethanharze eine möglichst geringe Viskosität besitzen. Zu empfehlen sind PUR-Harze mit einer Viskosität ≤ 100 mPas.
Dabei ist zu beachten, dass die Viskosität temperaturabhängig ist und mit sinkender Temperatur zunimmt. Polyurethanharze sind im Regelfall zum dehnfähigen Füllen von Rissen geeignet. Allerdings ist die Dehnfähigkeit begrenzt. Bei in einem Riss ausgehärtetem Polyurethanharz muss dessen Dehnfähigkeit bei einer mittleren Bauteiltemperatur von etwa 15 °C mindestens 5 % bei Rissbreiten zwischen 0,30 bis 0,50 mm und mindestens 10 % bei Rissbreiten über 0,50 mm betragen. Die niedrigste Anwendungstemperatur für Polyurethanharz beträgt 6 °C.

Zur Verminderung der Wasserzufuhr bei stark drückendem Wasser können in begründeten Ausnahmefällen Polyurethanschäume (SPUR) vorinjiziert werden. Unter Wasserzufuhr bilden diese einen feinzelligen, offenporigen Schaum, der temporär die Wasserzufuhr mindert, jedoch keine dauerhaft abdichtende Wirkung hat. Der Einsatz von SPUR ist nur im hinteren äußeren Drittel des Bauteilquerschnitts zulässig. Die abdichtende Injektion mit Polyurethanharz (PUR) sollte unmittelbar anschließend über zusätzliche Injektionspacker erfolgen. Bei Injektionen in Hohlräume ist die Verwendung von Polyurethanschäumen (SPUR) als Vorinjektion ausgeschlossen, da hiernach im Regelfall eine raumfüllende, abdichtende Hauptinjektion nicht mehr möglich ist.
Neben Polyurethanharzen (PUR, Mindestrissbreite ≥ 0,1 bis 0,3 mm in Abhängigkeit der Viskosität, siehe Herstellerangabe) kommen gelegentlich auch Zementleim (ZL, Mindestrissbreite ≥ 0,8 mm) und Zementsuspension (ZS, Mindestrissbreite ≥ 0,25 mm) zum Einsatz. Diese eigenen sich z. B. als Vorinjektion bei hohlraumreichem Beton und größeren Hohlräumen, aber nicht oder nur bedingt für eine abdichtende Injektion. Die niedrigste Anwendungstemperatur für Zementleim und Zementsuspension beträgt 8 °C.
Eine Rissverpressung mit Epoxidharz (EP, Mindestrissbreite ≥ 0,1 mm) ist im Regelfall nur bei trockenen Rissen ohne Rissbreitenänderung möglich. Die niedrigste Anwendungstemperatur für Zementleim und Zementsuspension beträgt 5 °C.
In Sonderfällen, in denen neben abdichtenden Eigenschaften auch Kraftschlüssigkeit gefordert ist, werden auch spezielle feuchteverträgliche Epoxid- oder Polyurethanharze mit abdichtender und kraftschlüssiger Wirkung eingesetzt, siehe auch [7].
Neben den genannten Injektionsmaterialien gibt es auch mehrkomponentige Hydrostruktur- oder Acrylatgele, die eine sehr geringe Viskosität besitzen und die im ausgehärteten Zustand quellfähig sind. Eingesetzt werden diese Acrylatgele in der Regel zur Vergelung von Bauwerken und Fugen. Für einige speziell modifizierte Hydrostrukturgele gibt es allgemeine bauaufsichtliche Zulassungen, die den Einsatz des Füllstoffes zur Rissverpressung in Bauteilen aus Stahlbetonbauteilen erlauben.
Die Leistungsmerkmale der Füllstoffe sind in DIN EN 1504-5 [4] und DIN V 18028 [5] beschrieben. Weiterführende Hinweise zu den Füllstoffen sind u. a. auch in [1, 2, 6 bis 8] zu finden.

5.4 Injektionstechnologie

Beim Füllen von Rissen wird zwischen

- Tränkung (drucklos) und
- Injektion (mit Druck)

unterschieden. Durch Tränkung lassen sich lediglich oberflächennahe Risse mit dem Füllstoff füllen und das auch nur bei horizontalen und leicht geneigten Bauteilen. Für das abdichtende Füllen von Rissen ist diese Art der Rissfüllung nicht geeignet. Um Risse abzudichten, ist ein Füllen der Risse unter Druck erforderlich. Im Regelfall erfolgt dies durch Injektion des Füllstoffes über Injektionspacker. Lediglich bei trockenen Bauteiloberflächen ist eine Injektion des Füllstoffes über Klebepacker möglich.
Bei der Injektionstechnologie, die zur Injektion von Reaktionsharzen verwendet wird, muss zwischen 1-K- und 2-K-Injektionstechnologie unterschieden werden:

- Bei der im Regelfall angewendeten 1-K-Injektionstechnologie wird das Injektionsmaterial vom Anwender in kleinen Mengen gemischt und anschließend mit einer 1-K-Injektionspumpe injiziert. Nachteilig ist hierbei, dass die Viskosität des Injektionsmaterials mit zunehmender Verarbeitungszeit ansteigt, d. h., es kommt im Laufe der Verarbeitungszeit zu einer Verschlechterung des Penetrationsverhaltens des Füllstoffes.
- Bei der 2-K-Injektionstechnologie werden die Komponenten des Injektionsmaterials von der Injektionspumpe getrennt bis zum Injektionskopf/zur Injektionspistole gefördert und erst dort mittels eines integrierten statischen Mischers gemischt. Da die chemische Reaktion dadurch erst am Injektionspacker beginnt, wird dem Bauteil stets Injektionsmaterial mit gleichbleibend niedriger Viskosität injiziert. Dies ist ein Vorteil gegenüber dem Injizieren mit der 1-K-Injektionstechnologie. Andererseits ist die 2-K-Injektionstechnologie aufwendiger und setzt ein deutlich höheres Maß an Fachkenntnis des Verarbeiters voraus, um z. B. Mischungsfehler zu vermeiden. Die Vor- und Nachteile von 1K- und 2K-Injektionstechnologie sind in [6] gegenübergestellt.

Zementleim und Zementsuspension werden nach ihrem Anmischen mit speziellen 1-K-Injektionspumpen im Niederdruckverfahren mit einem Injektionsdruck bis maximal etwa 7 bar am Packer injiziert. Hinweise zum Anmischen des Zementleims bzw. der Zementsuspension und den dafür erforderlichen Mischgeräten sind in den Herstellerangaben zu finden.

5.5 Anforderungen an den Ausführenden bei Injektionsarbeiten

Entscheidend für die Qualität und den Erfolg von Injektionsarbeiten ist die Erfahrung und Sorgfalt des Ausführenden, der folgende Fähigkeiten beherrschen sollte:

- das Injektionsmaterial entsprechend den Herstellerangaben fachgerecht mischen,
- mit der Injektionstechnologie richtig umgehen,
- die Bohrungen richtig einbringen,
- das Injektionsmaterial fachgerecht und sorgfältig injizieren.

Beim Verpressen muss der Ausführende das Bauteil und den Injektionsdruck genauso im Blick haben wie die temperaturabhängigen Verarbeitungszeiten des Injektionsmaterials sowie Materialaustritte aus Fugen, Rissen und benachbarten Packern. Darüber hinaus muss er aus seinen Beobachtungen schnell Rückschlüsse auf den Materialfluss und mögliche Wasserwegigkeiten ziehen und reagieren, z. B. Reduzieren des Injektionsdruckes, Verdämmen von Leckagestellen, Setzen zusätzlicher Injektionspacker/Bohrungen zur Entlüftung, um einer Drucküberhöhung entgegenzuwirken oder Abbrechen der Injektion. Gegebenenfalls muss ein Injektionspacker, wie in Bild 6 gezeigt, während des Injizierens auch nachgespannt werden, um den Injektionsmaterialaustritt aus dem Bohrkanal zu unterbinden.

Bild 6 Nachspannen eines Injektionspackers während des Injektionsvorgangs

5.6 Dokumentation und Qualitätssicherung bei Injektionsarbeiten

Bei der nachträglichen Abdichtung von Bauwerken durch Injektion ist der Erfolg der Maßnahme im Regelfall nicht unmittelbar festzustellen und zu prüfen, sondern nur indirekt über die Kontrolle des Injektionsprozesses und des sich in Abhängigkeit der Zeit ändernden Feuchtezustandes des Bauwerks. Daher sind die Qualitätssicherung und damit verbunden eine möglichst genaue Dokumentation während der Injektionsarbeiten von großer Bedeutung.

Im Rahmen der Qualitätssicherung sind u. a. folgende Parameter zu dokumentieren:

- Datum und Uhrzeit der Injektion,
- Luft - und Bauteiltemperatur,
- Angaben zu den Packern, bei Injektionspackern z. B. Lage, Abstand, Richtung, Winkel, Bohrlochtiefe und Durchmesser der Bohrungen,
- Anzahl der gesetzten Injektionspacker, Darstellung des Bohrrasters (Zeichnung/Fotos),
- Injektionsmaterial (Art, Produktbezeichnung, Chargen-Nr., Mischungsverhältnis, Reaktionszeit, Temperatur des Injektionsmaterials),
- Angabe der verwendeten Injektionstechnik (z. B. 1- oder 2-Komponenten-Injektionstechnologie),
- Materialverbrauch je Injektionspacker (ggf. je Komponente),
- Injektionsdruck je Injektionspacker (min./max.),
- Verlauf der Injektion (Reihenfolge der injizierten Injektionspacker; Angabe der korrespondierenden Injektionspacker/Packerkontakte während der Injektion oder Materialaustritte aus der Konstruktion während der Injektion; Unterbrechung der Injektion; Bereiche, die verdämmt werden mussten; Anzahl der Nachinjektionen; Injektionsdauer je Injektionspacker; Materialaustritt aus Leckagen; zusätzliche Entlüftungspacker; Besonderheiten).

In der Praxis werden diese Parameter im Regelfall manuell erfasst. Bei Injektionspumpen mit einem speziellen Mess- und Kontrollsystem ist auch auch die kontinuierliche digitale Aufzeichnung der relevanten Injektionsparameter möglich. Die Dokumentation kann gleichzeitig auch als Nachweis über die ausgeführten Injektionsarbeiten dienen. Der Umfang der Dokumentation sollte von einem sachkundigen Planer im Sanierungskonzept festgelegt werden.

Weiterführende Hinweise zur Qualitätssicherung bei Injektionen sind z. B. auch in [1, 2] zu finden.

6 Beispiele und Bauausführung

Im Folgenden wird auf die verschiedenen Ausführungsbeispiele bei der nachträglichen Abdichtung von Rissen, Hohlräumen und undichten Fugen eingegangen.

6.1 Verpressung von Rissen

In Abhängigkeit der Randbedingungen kann eine Verpressung von Rissen über Injektions- oder Klebepacker erfolgen. Packer werden erst unmittelbar vor ihrer Verpressung mit einem Ventilkopf versehen. Während der Injektion wird der Materialfluss über den Füllgutaustritt aus den benachbarten »offenen« Packern (Packerkontakt) kontrolliert. Über diese kann auch die verdrängte Luft entweichen. Bei vertikalen Rissen erfolgt die Injektion beginnend am tiefstgelegenen Injektionspacker von unten nach oben. Verschiedene Packer sind in Bild 7 zu sehen.

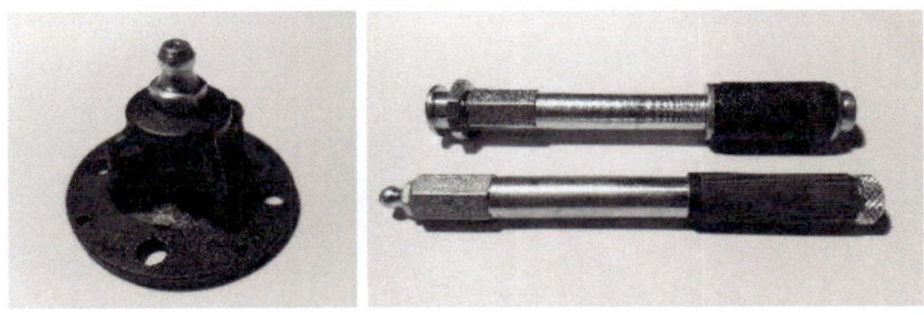

Bild 7 Klebepacker (links) bzw. Injektionspacker (rechts)

Für den Erfolg einer Injektion ist es erforderlich, nach der Injektion bei allen Packern innerhalb der für das Injektionsmaterial herstellerseitig angegebenen Verarbeitungsdauer eine Nachinjektion durchzuführen.

Nach dem Injizieren der Packer und dem Aushärten des Füllstoffes werden die Packer ausgebaut bzw. entfernt; Bohrlöcher werden mit einem schwindarmen Mörtel verschlossen. Nicht rostende Spannteile von Injektionspackern können im Bauteil verbleiben. Letzteres muss allerdings mit dem Bauherrn vereinbart werden. Wurde die Bauteiloberfläche im Bereich der Injektionsstelle, z. B. mit einem Mörtel verdämmt, wird dieser entfernt und die Bauteiloberfläche gesäubert. Gegebenenfalls ist anschließend die Bauteiloberfläche im betroffenen Bereich plan zu schleifen.

Je nach Lage, Ort und Ursache des Wasserdurchtritts können mehrmalige oder weitere abdichtende Injektionen zu einem späteren Zeitraum erforderlich sein, siehe auch WU-Richtlinie [3], Abschnitt 12.3. Dies ist kein Mangel, sondern dem Umstand geschuldet, dass sich das Wasser nach der ersten Injektion ggf. neue Wege sucht und nun an anderen Stellen austritt, dass Fehlstellen bei der ersten Injektion nicht oder nur z. T. verfüllt wurden oder dass zum Zeitpunkt der Verpressung kein Lastfall »drückendes Wasser« vorlag.

Weiterführende Hinweise zur Ausführung von Injektionsarbeiten sind auch in der DAfStb-Richtlinie **Richtlinie für Schutz und Instandsetzung von Betonbauteilen** [2], in den zusätzlichen technischen Vertragsbedingungen und Richtlinien für Ingenieurbauten (ZTV-ING), Teil 3 **Massivbau**, Abschnitt 5 **Füllen von Rissen und Hohlräumen in Betonbauteilen** [1] und u. a. in [6 bis 9] zu finden.

Rissverpressung über Injektionspacker

Um wasserführende Risse durch Injektion von Polyurethanharz abzudichten, werden Bohrkanäle wechselseitig in das Bauteil eingebracht, die den Riss im Regelfall im 45°-Winkel kreuzen (siehe Bild 8 und Bild 9).

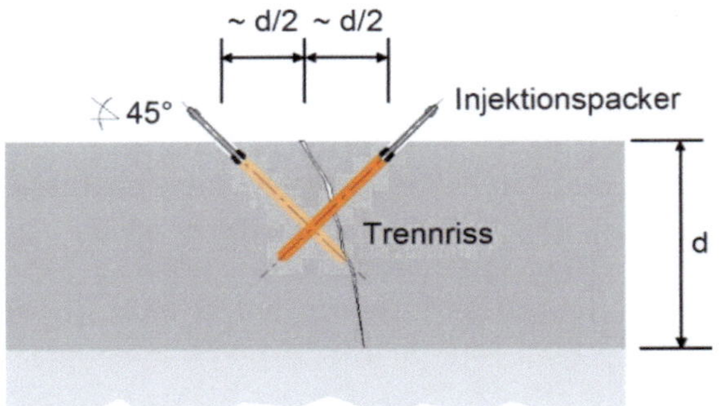

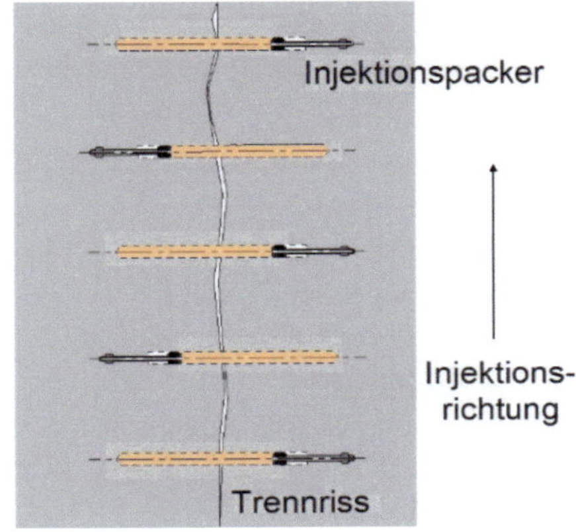

Bild 8 Rissverpressung über Injektionspacker

Bild 9 Rissverpressung über Injektionspacker (Beispiel)

Durch die wechselseitige Anordnung der Injektionspacker werden auch im Bauteil verspringende Risse erfasst. In der Regel beträgt der Abstand zwischen den Injektionspackern d/2, wobei mit d die Dicke des Bauteils bezeichnet wird. Um die Durchgängigkeit des Bohrkanals sicherzustellen, müssen die Bohrkanäle nach dem Bohren durch Ausblasen mit Druckluft, Absaugen oder/und Ausbürsten mit einer auf den Bohrlochdurchmesser abgestimmten rotierenden Spiralbürste von Bohrstaub gereinigt werden.

Im Regelfall werden für die Injektion von Polyurethanharz Injektionspacker mit einem Durchmesser von 10 bis 14 mm und für die Injektion von Zementleim Schlagpacker mit einem Durchmesser von 14 bis 18 mm eingesetzt. Die Injektionspacker werden durch Anziehen der Muttern im Bohrkanal verspannt. Ein Verdämmen des Risses ist bei der Injektion über Injektionspacker im Regelfall nicht erforderlich. Lediglich in Ausnahmefällen, z. B. bei breiten Rissen, kann ein Verdämmen erforderlich sein.

Bei der Verpressung von Rissen in Ortbetonkonstruktionen über Injektionspacker kann der maximale Injektionsdruck pmax in bar näherungsweise mit

$$p_{max,Ortbeton} \approx \frac{\text{Nenndruckfestigkeit des Betons}}{3} \cdot 10\,[bar]$$

angegeben werden. Bei der Injektion von Elementwänden ist mit besonderer Sorgfalt auf den Injektionsdruck zu achten. Im Vergleich zu Ortbetonkonstruktionen sollte beim Injizieren von Elementwänden mit einem deutlich niedrigeren Injektionsdruck gearbeitet werden, um eine Schädigung der Elementwand zu vermeiden, wie z. B. einem Aufbrechen der Elementwand oder Rissbildung zwischen Fertigteilplatte und Ortbetonkern.

Bei druckwasserführenden Rissen kann die Injektion – wie in Bild 10 dargestellt – in zwei Arbeitsschritten erfolgen:

1. Injektion von SPUR im hinteren, dem Wasser zugewandten Drittel des Bauteilquerschnitts (um temporär den Wasserfluss zu stoppen),
2. PUR-Injektion unmittelbar im Anschluss an die SPUR-Injektion über zusätzliche Bohrkanäle um, den Riss abzudichten.

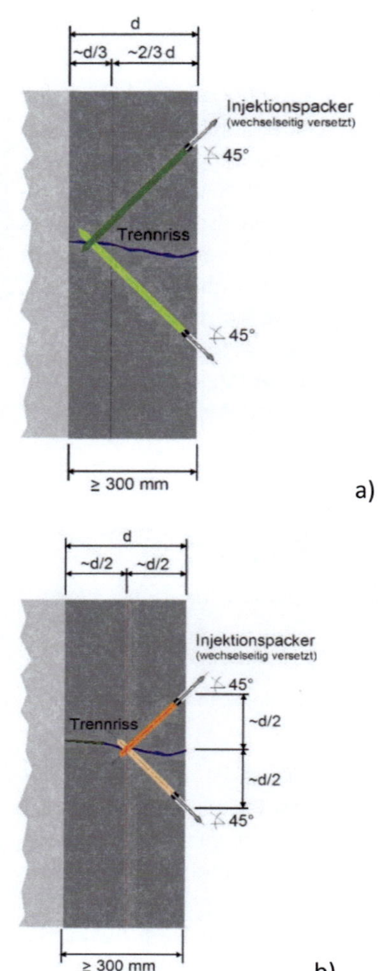

Bild 10 Rissverpressung bei druckwasserführenden Rissen über Injektionspacker in zwei Arbeitsschritten
a) Injektion von SPUR im hinteren, dem Wasser zugewandten Drittel des Bauteilquerschnitts
b) PUR-Injektion unmittelbar im Anschluss an die SPUR-Injektion über zusätzliche Bohrkanäle

Prinzipiell gilt beim Injizieren von Füllstoffen, dass mit längerer Injektionszeit bei niedrigem Injektionsdruck bessere Füllergebnisse erzielt werden. Diese sind auch umso besser, je niedrigviskoser und dünnflüssiger der Füllstoff ist. Bezüglich des maximalen Injektionsdruckes ist ggf. die Rücksprache mit dem Tragwerksplaner erforderlich.

Wasserführende Risse, deren Rissbreitenänderung eindeutig auf eine Veränderung der Bauteiltemperatur zurückzuführen ist, sollten bei einer möglichst niedrigen Bauteiltemperatur und damit verbunden einer großen Rissbreite verpresst werden, um einen möglichst großen Füllungsgrad des Risses mit Füllgut zu erzielen. Die vom Hersteller angegebene niedrigste Anwendungstemperatur darf dabei jedoch nicht unterschritten werden.

In Fällen, in denen die Dehnfähigkeit des Rissfüllstoffes durch die Rissbreitenänderung infolge witterungs- oder nutzungsbedingter Temperaturänderungen überschritten wird, kann es erforderlich sein, vor der Rissverpressung die temperaturbedingte Beanspruchung des Bauteils und damit die Rissbreitenänderung durch Anbringen einer Wärmedämmung zu reduzieren.

Rissverpressung über Klebepacker

Klebepacker werden direkt auf den Riss geklebt (siehe Bild 11). Daher ist ihr Einsatz auf Fälle mit trockenen Rissen und Bauteiloberflächen beschränkt, z. B. bei der Verpressung von Epoxidharz. Der gegenseitige Abstand der Klebepacker entspricht im Regelfall etwa der Bauteildicke d. Entscheidend für die Funktionsfähigkeit ist der Haftverbund zwischen Klebepacker und Bauteiloberfläche. Vor dem Setzen des Klebepackers muss die Bauteiloberfläche daher ca. 5 cm beidseitig des Risses durch Strahlen oder Schleifen aufgeraut und von losen Teilen, Staub usw. gesäubert werden.

Um einen Verschluss des Injektionskanals des Klebepackers durch den Kleber zu vermeiden, wird zunächst ein gefetteter Stahlstift ca. 2 bis 3 mm in den Riss eingeschlagen, auf den der Klebepacker nach Auftragen des Klebers aufgesteckt wird. Der Stahlstift wird später vor der Injektion entfernt. Der Riss zwischen den einzelnen Klebepackern wird mit dem Kleber verdämmt.

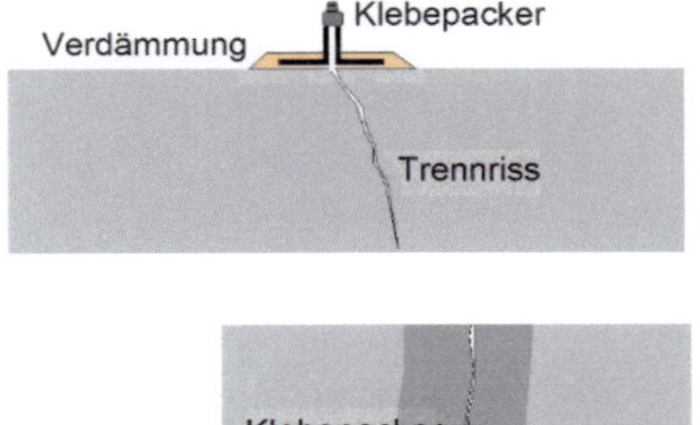

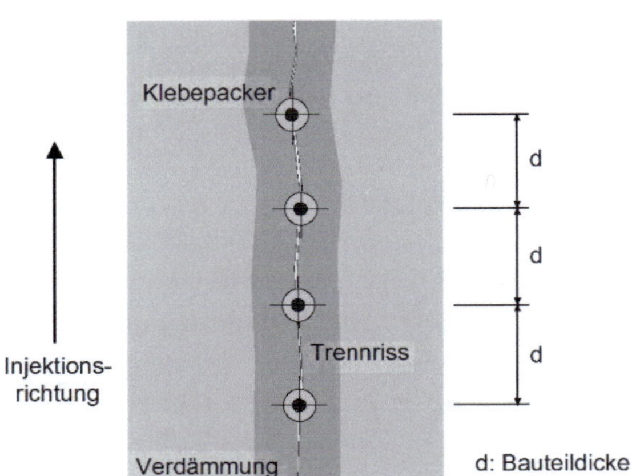

Bild 11 Rissverpressung über Klebepacker

Die Injektion erfolgt über einen Kegelnippel, der erst unmittelbar vor der Injektion auf den Packer aufgeschraubt wird. Der maximale Injektionsdruck bei Klebepackern hängt wesentlich von der Haftzugfestigkeit der Bauteiloberfläche und den Hafteigenschaften des Klebers ab. Im Regelfall ist er auf 60 bar begrenzt.

6.2 Flächeninjektion in Bauteile

Bei flächigen Gefügestörungen und Durchfeuchtungen bei Bodenplatten und Wänden kann die nachträgliche Abdichtung durch eine Flächeninjektion (auch Raster oder Hohlrauminjektion) in das Bauteil erfolgen. Hierzu werden in das Bauteil im Bereich der Schadstelle rasterartig Bohrkanäle eingebracht (siehe Bild 12 und Bild 13), über die mittels Injektionspacker Kapillaren, Poren und Hohlräume mit einem geeigneten Füllstoff verfüllt und abgedichtet werden.

Das Rastermaß und die Bohrlochtiefe müssen auf die objektspezifischen Randbedingungen abgestimmt werden. Als Faustformel gilt:

Bohrlochabstand = ½ · Bauteildicke
Bohrlochtiefe = ¾ · Bauteildicke

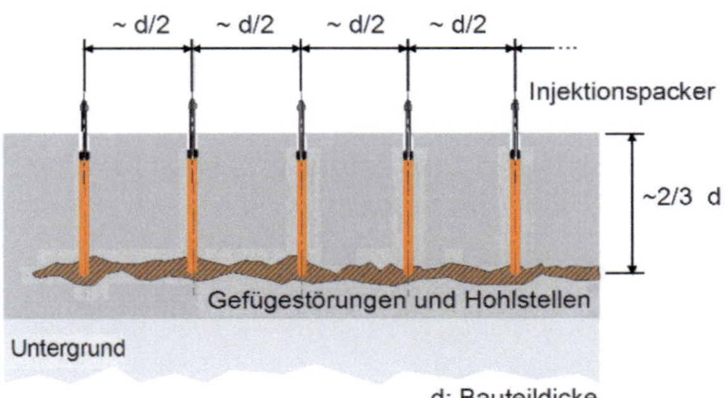

Bild 12 Flächeninjektion in ein Bauteil

Bild 13 Flächeninjektion in ein Bauteil (Beispiel)

Durch die Flächeninjektion wird das Bauteil selbst als Abdichtungselement ertüchtigt. Die Wahl des Füllstoffs hängt u. a. von der Durchlässigkeit des Betongefüges ab. Eine möglichst gute Verteilung des Füllstoffes im Bauteil wird durch die Verwendung von Füllstoffen mit niedriger Viskosität erreicht. Bei Injektionen in Hohlräume, aber auch in Bauteil- bzw. Bauwerkszwischenschichten sind Polyurethanschäume (SPUR) ausgeschlossen, da nach deren Einsatz im Regelfall eine raumfüllende, abdichtende Injektion mit einem Polyurethanharz (PUR) nicht mehr möglich ist. Bei größeren Hohlräumen ist ggf. zunächst ein Füllen der Hohlräume mit einem mineralischen Füllstoff (Zementleim, Zementsuspension) und nach dessen Erhärten eine abdichtende Injektion, z. B. mit PUR sinnvoll. Letzteres ist im Regelfall nach etwa sieben Tagen der Fall.

6.3 Sanierung undichter Arbeitsfugen

Verpressen undichter Arbeitsfugen bei Ortbeton über Injektionspacker

Ähnlich wie bei der Rissverpressung kann eine undichte Arbeitsfuge durch Injektion eines geeigneten Füllstoffes über Injektionspacker, im Regelfall Polyurethanharz, abgedichtet werden. Hierzu werden im Anschlusspunkt zwischen Bodenplatte und Wand, wie in Bild 14 dargestellt, Bohrkanäle eingebracht, die die Arbeitsfuge im 45°-Winkel kreuzen.

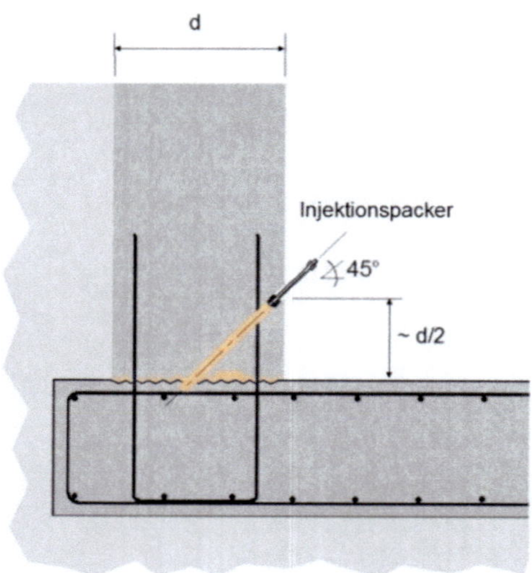

Bild 14 Verpressung einer Arbeitsfuge zwischen Bodenplatte und Wand

Nach dem Säubern der Kanäle von Bohrmehl werden Injektionspacker in die Kanäle eingesetzt, über die die Arbeitsfuge mit einem geeigneten Füllstoff verpresst wird. In der Regel beträgt der Abstand zwischen den Injektionspackern d/2, wobei d die Dicke des Bauteils bezeichnet. Während der Injektion erfolgt die Kontrolle des Materialflusses über die benachbarten offenen Injektionspacker. Bei vertikalen Fugen erfolgt die Verpressung von unten nach oben. Nach Beendigung der Injektion werden die Packer entfernt und die Öffnungen mit einem schwindarmen Mörtel verschlossen.

Kommt es während der Injektion zu Materialaustritt aus der Arbeitsfuge, wird in diesem Bereich die Bauteiloberfläche mit schnellhärtendem Mörtel verdämmt. Hierbei ist darauf zu achten, dass es dadurch nicht zu einer längeren Unterbrechung der Injektion kommt. Entsprechende schnellhärtende Mörtel sind daher auf der Baustelle vorzuhalten.

Verpressung der Arbeitsfuge über ein Injektionsschlauchsystem

Liegt in der Arbeitsfuge – wie in Bild 15 zu sehen – ein planmäßig eingebauter, noch nicht verpresster oder ein wieder- bzw. mehrfachverpressbarer Injektionsschlauch, so kann diese über den Injektionsschlauch mit einem geeigneten Füllstoff verpresst werden.

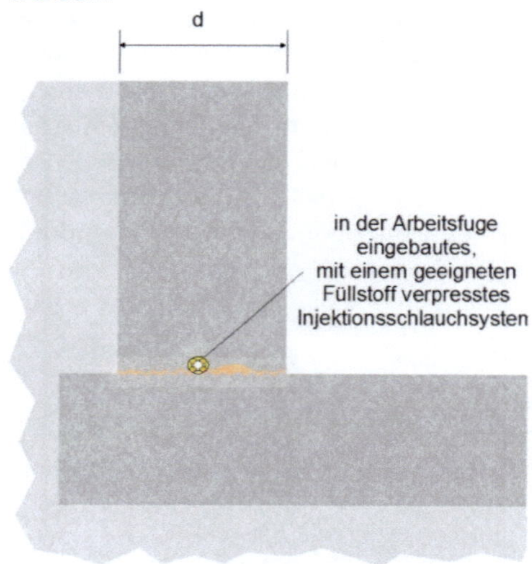

Bild 15 Verpressung einer Arbeitsfuge zwischen Bodenplatte und Wand über ein in der Arbeitsfuge eingebautes Injektionsschlauchsystem mit einem geeigneten Füllstoff

Abdichtung undichter Arbeitsfugen mit einem streifenförmigen, vollflächig aufgeklebten Fugenabdichtungsband

In Sonderfällen können undichte Arbeitsfugen auch mit einem streifenförmigen, vollflächig aufgeklebten Fugenabdichtungsband abgedichtet werden, siehe Bild 16. Dabei wird prinzipiell unterschieden zwischen:

- Systemen, bei denen ein streifenförmiges Fugenabdichtungsband mit einer starren Verklebung, z. B. durch einen Epoxidharzkleber, aufgebracht wird,

- Systemen, bei denen ein streifenförmiges Fugenabdichtungsband mit einer flexiblen Verklebung, z. B. durch einen Kleber auf Basis von silanmodifizierten Polymeren, aufgebracht wird,
- Systemen, bei denen ein streifenförmiges, reaktionsharzgetränktes Polyestervlies (Flüssigkunststoffabdichtung) aufgebracht wird.

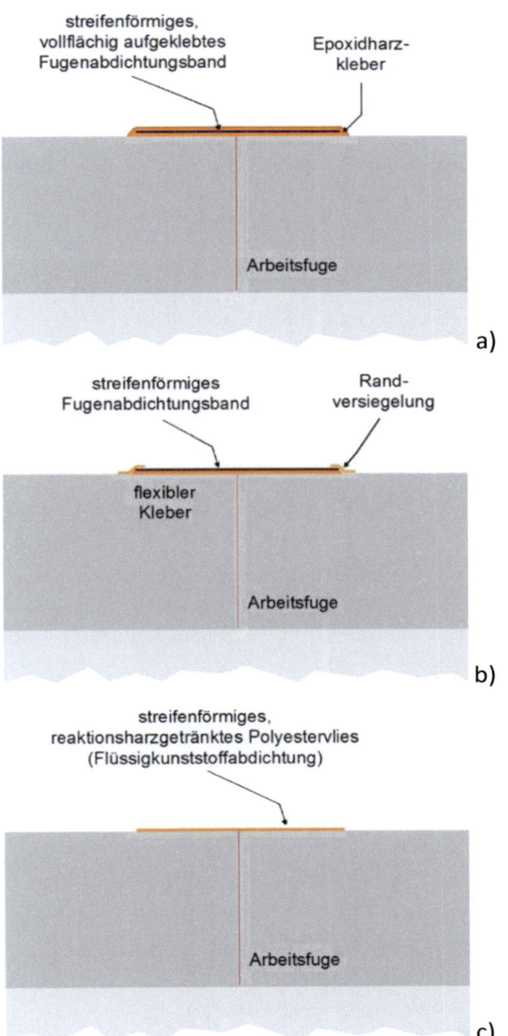

Bild 16 Abdichtung einer undichten Arbeitsfuge mit einem streifenförmigen, vollflächig aufgeklebten Fugenabdichtungsband
a) Systeme, bei denen ein streifenförmiges Fugenabdichtungsband mit einer starren Verklebung, z. B. durch einen Epoxidharzkleber, aufgebracht wird
b) Systeme, bei denen ein streifenförmiges Fugenabdichtungsband mit einer flexiblen Verklebung, z. B. durch einen Kleber auf Basis von silanmodifizierten Polymeren, aufgebracht wird
c) Systeme, bei denen ein streifenförmiges, reaktionsharzgetränktes Polyestervlies (Flüssigkunststoffabdichtung) aufgebracht wird

Im Regelfall setzt dies voraus, dass die Klebefläche ausreichend trocken, frei von Rissen und Beschädigungen ist und eine ausreichende Festigkeit besitzt. In der Regel dürfen diese Abklebesysteme nur wasserseitig eingesetzt werden, also nicht bei negativem Wasserdruck. Eine Verarbeitung kann nur bei einer Bauteiltemperatur oberhalb der von den Herstellern angegebenen Mindesttemperatur erfolgen.

6.4 Verpressen undichter Arbeits- und Stoßfugen bei Elementwänden

Im Gegensatz zur Ortbetonkonstruktion birgt eine Elementwand aufgrund der Vielzahl möglicher Wasserwegigkeiten einige Besonderheiten, siehe auch [9].

Verpressen der Arbeitsfuge zwischen Bodenplatte und Wand

Um die undichte Arbeitsfuge zwischen Bodenplatte und Elementwand durch Injektion über Injektionspacker abzudichten, werden – wie in den Bild 17 und Bild 18 dargestellt – im Anschlusspunkt zwischen Bodenplatte und Wand Bohrkanäle eingebracht, die die Arbeitsfuge im 45°-Winkel kreuzen.

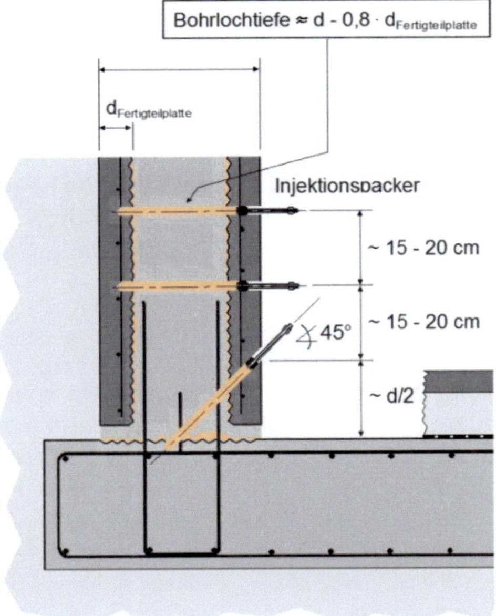

Bild 17 Injektion der Arbeitsfuge zwischen Bodenplatte und Wand sowie mehrreihige Injektion der Grenzflächen zwischen Fertigteilplatten und Ortbetonkern im Fußpunktbereich der Elementwand

Um möglichst viele der potenziellen Wasserwegigkeiten erreichen und verpressen zu können, ist es ggf. sinnvoll, zusätzlich die Grenzschichten zwischen den Fertigteilplatten und dem Ortbetonkern anzubohren, um dort vorhandene Fehlstellen, Längsrisse o. Ä. durch Injektion des Füllstoffes abzudichten.

Bild 18 Verpressung der Arbeitsfuge zwischen Bodenplatte und Wand bei einer Elementwand (Beispiel)

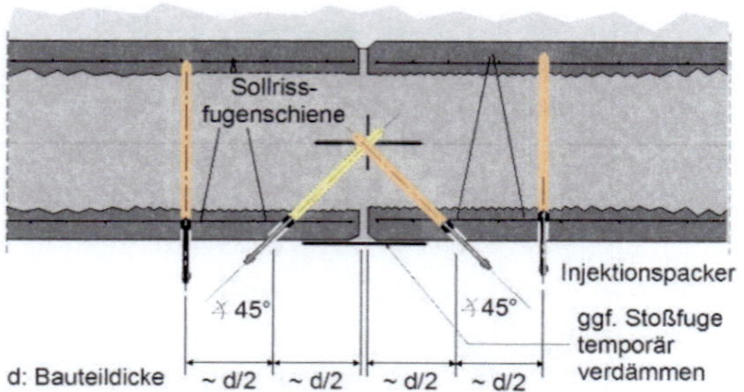

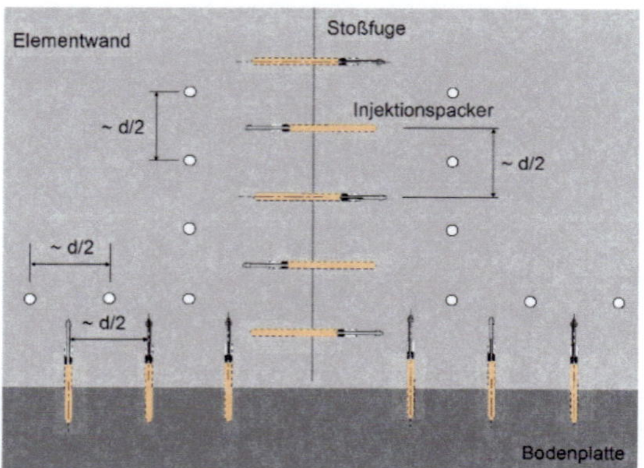

Bild 19 Verpressung der Stoßfuge

Hierbei kommt der Einbautiefe des Injektionspackers und der Bohrlochtiefe eine besondere Bedeutung zu. Bei den Bohrungen wird die Elementwand nicht vollständig durchbohrt, sondern mit einer maximalen Bohrlochtiefe von

Bohrlochtiefe = Wanddicke d – 0,8 · dFTP

angebohrt. Dadurch können bei der Injektion auch Gefüge- und Verbundstörungen zwischen den Fertigteilplatten und dem Ortbetonkern erreicht und verfüllt werden. Dabei ist dFTP die Dicke der äußeren Fertigteilplatte.

Verpressen der Stoßfugen

Zur Abdichtung undichter Stoßfugen werden – wie in den Bildern 19 bis 21 gezeigt – Bohrkanäle wechselseitig in das Bauteil eingebracht, die die Stoßfuge etwa in der Wandmitte im 45°-Winkel kreuzen. Im Regelfall entspricht der Abstand der Injektionspacker etwa der halben Wanddicke.

Bild 20 Verpressung der Stoßfuge einer Elementwand (Beispiel)

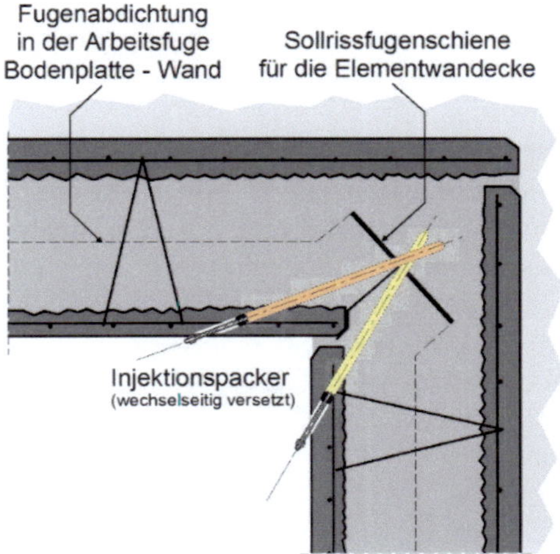

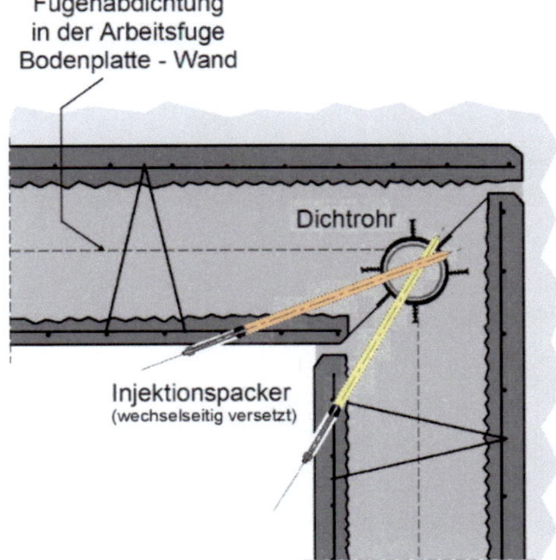

Bild 21 Verpressung der Eckfuge (oben: Eckfuge mit Sollrissfugenschiene, unten: Eckfuge mit Dichtrohr)

Wurden in der Stoßfuge Dichtrohre eingebaut und nicht verfüllt, so sind diese zunächst über Injektionspacker mit Zementleim oder Feinstzementsuspension zu verfüllen. Hierzu wird das Dichtrohr im unteren und oberen Bereich angebohrt. Über den unteren Injektionspacker erfolgt die Injektion des mineralischen Füllstoffes, während der obere Injektionspacker der Entlüftung dient. Die abdichtende Injektion kann nach Erhärtung des mineralischen Füllstoffes z. B. nach dem in Bild 19 gezeigten Bohrschema mit PUR-Harz erfolgen. In der Regel ist dies nach frühestens sieben Tagen der Fall.

Bei Untergeschossen aus Elementwänden sind gelegentlich auch Schäden zu finden, die auf Hohlräume und Betonierschatten unterhalb von Fenstern zurückzuführen sind (siehe Bild 22). In diesen Fällen kann die nachträgliche Abdichtung – wie in Bild 23 dargestellt – in zwei Arbeitsschritten erfolgen. Im ersten Arbeitsschritt wird der Hohlraum über Injektionspacker oder Bohrungen mit eingeführtem Schlauch mit einem mineralischen Füllstoff gefüllt, z. B. mit Vergussmörtel, Zementleim oder Zementsuspension. Ein Ausschäumen des Hohlraums mit SPUR ist nicht zulässig, da in diesem Fall keine abdichtende Injektion mit PUR mehr erfolgen könnte. Nach Aushärtung des mineralischen Füllstoffs im Hohlraum erfolgt die abdichtende Injektion z. B. mit PUR. In der Regel ist dies nach einigen Tagen der Fall. Über den unteren Injektionspacker erfolgt jeweils die Injektion des Füllstoffes, während der obere Injektionspacker der Entlüftung dient.

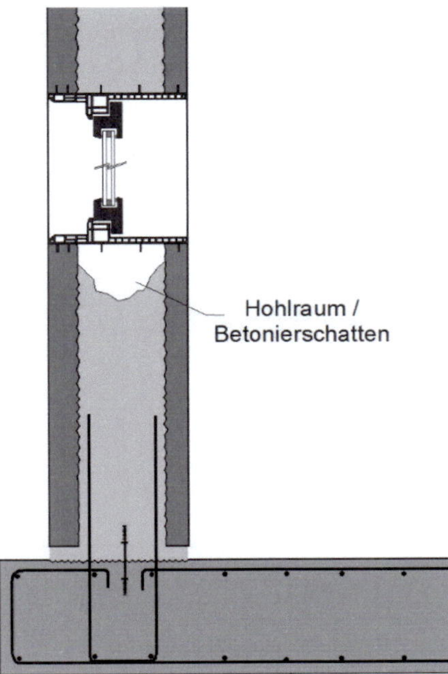

Bild 22 Hohlraum/Betonierschatten unterhalb der Fensters

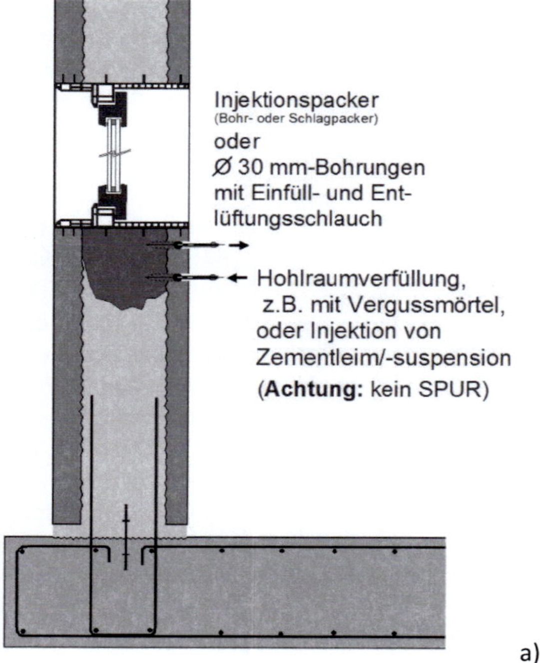

a)

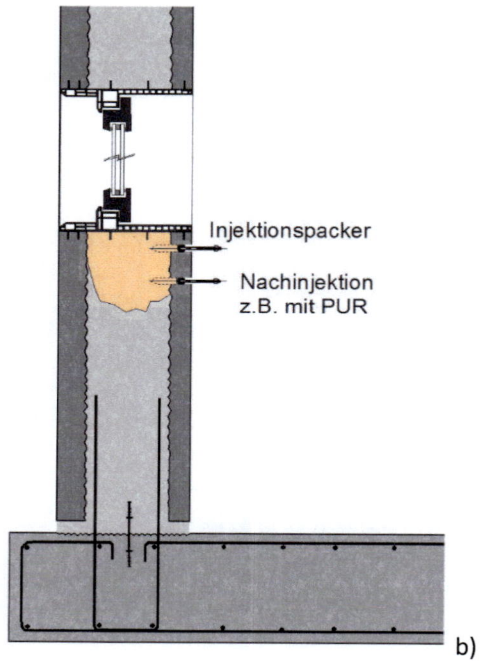

b)

Bild 23 Verpressen von Hohlräumen unter Fenstern und Aussparungen in Elementwänden in zwei Arbeitsschritten

a) Hohlraumverfüllung z. B. mit Vergussmörtel oder Injektion von Zementleim/-suspension

b) Abdichtende Nachinjektion z. B. mit PUR

6.5 Flächeninjektion in Bauteil- oder Bauwerkszwischenräumen

Sind flächig injizierbare Bauteil- bzw. Bauwerkszwischenräume vorhanden, kann die nachträgliche Abdichtung der Konstruktion auch durch Injektion dieser Zwischenräume mit einem geeigneten Füllstoff erfolgen (siehe Bild 24).
Damit sich im Zwischenraum eine zusammenhängende Abdichtungsebene ausbildet, müssen die Injektionsparameter wie

- Bohrlochabstand,
- Bohrlochtiefe,
- Injektionstechnik

bei der Flächeninjektion in Bauteil- oder Bauwerkszwischenräume aufeinander abgestimmt sein und sinnvoll gewählt werden. Damit ggf. vorhandene, noch funktionsfähige Abdichtungsebenen nicht verletzt oder zerstört werden, müssen die Bohrungen mit besonderer Sorgfalt durchgeführt werden.

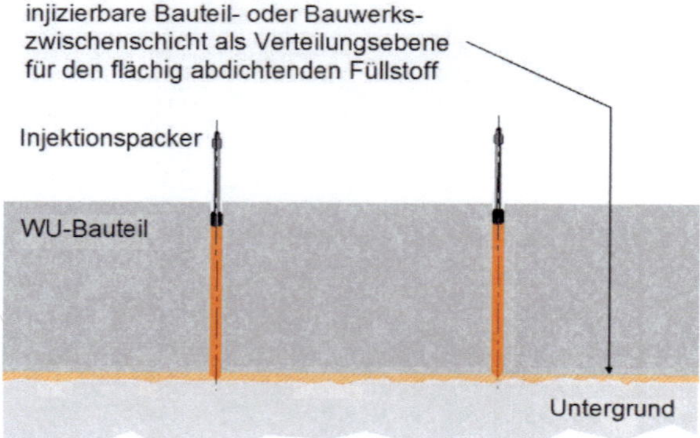

Bild 24 Flächeninjektion in Bauteil- oder Bauwerkszwischenräume

6.6 Instandsetzung undichter Dehnfugen

Je nach Schadensbild, Ursache und objektspezifischer Randbedingungen stehen verschiedene Methoden zur nachträglichen Abdichtung einer undichten Dehnfuge zur Auswahl.

Abdichten durch partielle Injektion

Ist der Dichtteil des Dehnfugenbandes umläufig, können Hohlräume und Fehlstellen im Bereich des Dichtteils durch Injektion eines geeigneten Füllstoffes über Injektionspacker abgedichtet werden. Hierzu werden in der Regel beide Dichtteile zunächst im betroffenen Bereich – wie in Bild 25 schematisch dargestellt – wechselseitig mit einem Abstand von 30 bis 50 cm angebohrt. Dabei ist darauf zu achten, dass bei der Bohrung lediglich der Dichtteil, nicht jedoch der Dehnteil des Fugenbandes getroffen wird. Der Abstand der Bohrungen zur Dehnfuge muss auf das Fugenband abgestimmt sein, damit der Dehnteil nicht verletzt wird.

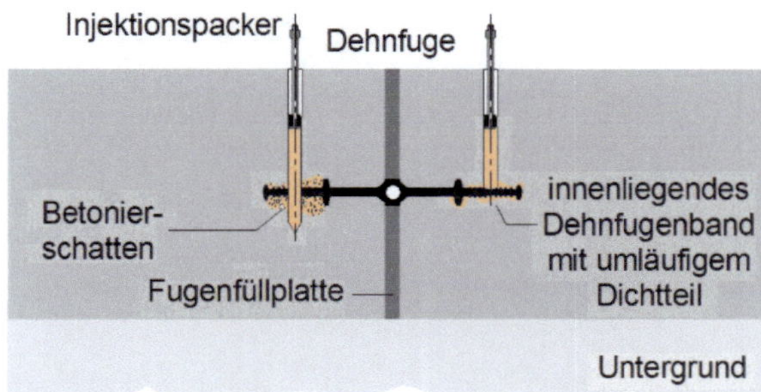

Bild 25 Verpressung von Hohlstellen am Dichtteil bei einem innenliegenden Dehnfugenband mit (links) bzw. ohne (rechts) Durchbohren des Fugenbandes

Nach Reinigen der Bohrkanäle von Bohrstaub werden die Injektionspacker bis kurz vor den Dichtteil des Fugenbandes gesetzt. Die Verpressung mit dem Füllstoff erfolgt über die Injektionspacker. Während des Verpressvorgangs wird der Materialfluss an den angrenzenden offenen Injektionspackern kontrolliert. Über diesen kann auch die verdrängte Luft entweichen.

Abdichten des Dichtteils durch Verpressung über Injektionsschlauchsysteme

Die Verpressung über Injektionspacker ist zeitaufwendig und teuer. Wurden am Dichtteil der Fugenbänder, wie z. B. in der ZTV-ING [1] vorgesehen, Injektionsschläuche als zusätzliche Maßnahme eingebaut, so kann die Verpressung der Fehlstellen und Umläufigkeiten im Bereich des Dichtteils über die Injektionsschläuche erfolgen (siehe Bild 26).

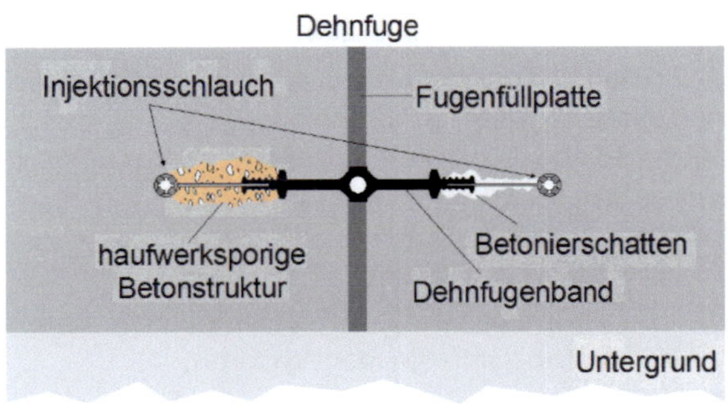

Bild 26 Injektion über ein eingebautes Injektionsschlauchsystem

Nachträgliches Abdichten durch Vergelung der Fuge

Ist der Dehnteil des Fugenbandes beschädigt, so kann die Dehnfuge – wie in Bild 27 dargestellt – mit einem »flexiblen« Füllstoff, z. B. Acrylatgel oder Polyurethanharz, verpresst werden. Diese Lösung sollte allerdings nur dann zum Einsatz kommen, wenn die Fugenbewegung abgeschlossen ist oder keine wesentliche Fugenbewegung mehr zu erwarten ist.

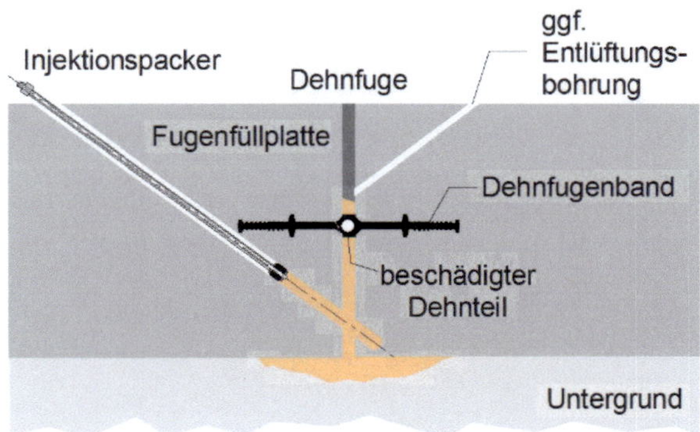

Bild 27 Vergelung der Fuge bei beschädigtem Dehnteil

Injektion des Zwischenraumes zwischen Fugenband und wasserabgewandter Bauteiloberfläche

Injektion über Injektionspacker

Eine undichte Dehnfuge kann auch abgedichtet werden, indem die Fuge auf der raumseitigen Bauteilseite verdämmt wird und anschließend der Zwischenraum zwischen dem Fugenband und der raumseitigen Verdämmung über Injektionspacker mit feststoffreichem Acrylatgel oder gefülltem Polyurethanharz verpresst wird (siehe Bild 28).

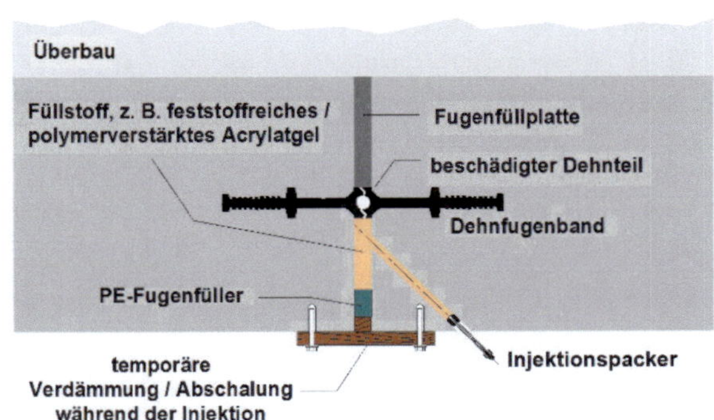

Bild 28 Injektion des Zwischenraumes zwischen Fugenband und raumseitiger Bauteiloberfläche

Injektion über Injektionsschalung
Eine undichte Dehnfuge kann objektbezogen auch über eine werksseitig vorkonfektionierte Injektionsschalung erfolgen, in die werkseitig Gummidichtlippen und Bohrungen zum Einsetzen von Injektionspackern integriert sind (siehe Bild 29). Durch die werkseitig vorkonfektionierten Injektionsschalungen entfällt das aufwendige Bohren der Bohrkanäle für die Injektionspacker. Im ersten Arbeitsschritt wird die Fuge durch Andübeln der Injektionsschalung temporär verdämmt, im zweiten Arbeitsschritt erfolgt die Injektion der Dehnfuge über spezielle, in die Injektionsschalung eingebaute Injektionspacker.

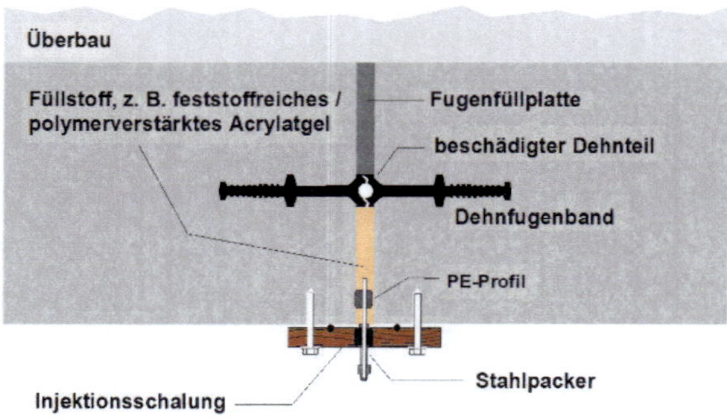

Bild 29 Injektion des Zwischenraumes zwischen Fugenband und raumseitiger Bauteiloberfläche über eine werksseitig vorkonfektionierte Injektionsschalung

Nachträgliches Abdichten der Dehnfuge durch partielle Schleierinjektion
Undichte Dehnfugen können im Einzelfall, z. B. bei geringen Wasserdrücken und wenn keine signifikanten Verformungen mehr zu erwarten sind, auch durch eine partielle Schleierinjektion abgedichtet werden. Hierbei verhindert ein vor dem Bauteil ausgebildeter Gelschleier (Gel-Sand-Gemisch) den Wasserzutritt in die Dehnfuge. Wie in Bild 30 und Bild 31 schematisch dargestellt, müssen zunächst Bohrungen durchgeführt werden, die die gesamte Konstruktion durchstoßen.

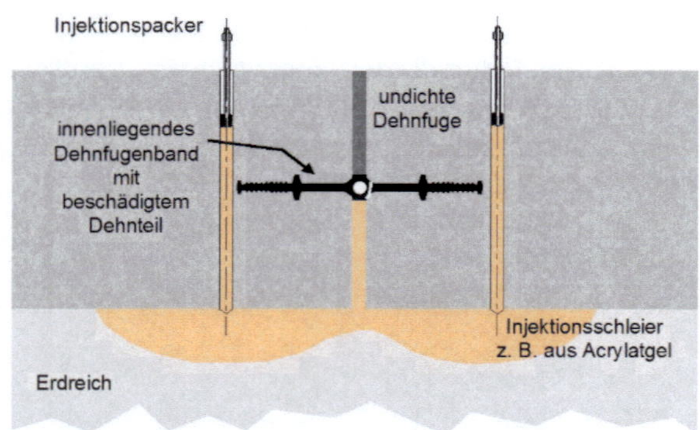

Bild 30 Abdichtung undichter Dehnfugen durch Schleiervergelung

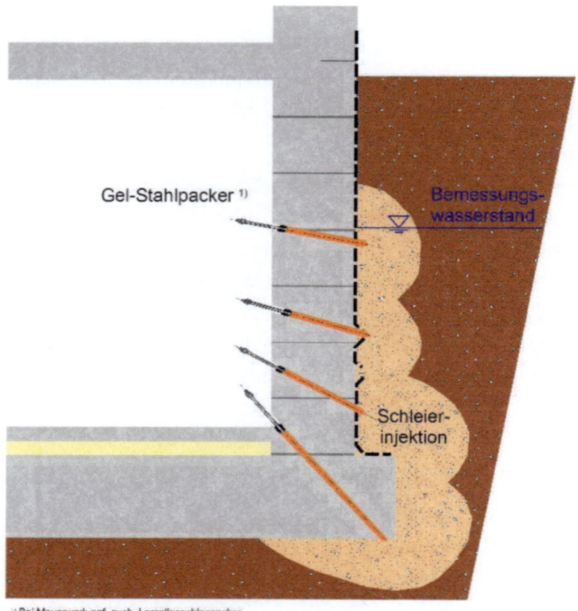

Bild 31 Abdichtung einer Kellerwand durch Schleiervergelung

Über die Injektionspacker wird das Erdreich vor dem Bauteil im Regelfall mit Acrylatgel verpresst. Das Erdreich dient dem Acrylatgel dabei als Stützgerüst. Nach [11] sollten die Abstände der Injektionspacker so gewählt werden, dass sich im Zusammenwirken mit dem Injektionsmaterial vor dem Bauwerk ein mindestens 10 cm dicker Gelschleier ausbildet.
Die Dichtwirkung einer Schleiervergelung hängt maßgeblich ab von folgenden Faktoren:
- dem Baugrund,
- der Injektionstechnologie,
- den Eigenschaften des Injektionsmaterials.

Bei einer Schleiervergelung sind detaillierte Kenntnisse über den anstehenden Boden erforderlich, wie z. B.

- Bodenart und -zusammensetzung,
- Korngrößenverteilung,
- Porenanteil,
- Lagerungsdichte,
- Wassergehalt,
- Durchlässigkeit des Bodens,
- Bemessungswasserstand,
- chemische Beschaffenheit des Wassers.

Neben diesen Parametern ist der Erfolg der Vergelungsmaßnahme u. a. abhängig von:
- dem Abstand der Injektionspacker (horizontal, vertikal),
- der Art der Injektion (einstufige bzw. zweistufige Injektion),
- dem Injektionsdruck,
- der Injektionsgeschwindigkeit,
- der Reaktionszeit des Injektionsmaterials.

Bei der Wahl des Injektionsmaterials ist u. a. auch die Umweltverträglichkeit des Füllstoffes zu beachten. Der Erfolg der Schleierinjektion hängt maßgeblich von den Fähigkeiten und Erfahrungen des Ausführenden ab. Schleierinjektionen sollten daher nur von erfahrenen Fachunternehmen und Fachkräften ausgeführt werden.
Nur wenn die unterschiedlichen Einflussgrößen aufeinander abgestimmt sind und die Arbeiten von Fachkräften ausgeführt werden, die über die entsprechenden Erfahrungen verfügen, kann sich der gewünschte Abdichtungserfolg einstellen. Wie bei allen Injektionsverfahren kann es aber auch bei sorgfältigster Arbeit sein, dass abermals Undichtigkeiten auftreten und weitere Injektionsmaßnahmen erforderlich sind. 100%ige Sicherheit gibt es bei der Injektion nicht.
Für den Planer ist es wichtig zu wissen, dass Injektionen des Baugrundes nach dem Wasserhaushaltsgesetz (WHG § 19) genehmigungspflichtig sind. Weitere Hinweise zu Schleierinjektionen finden sich auch in [20 bis 25, 29].

Abdichten der undichten Dehnfuge mit einer Klemmkonstruktion

Sind größere Fugenbewegungen und/oder Wasserdrücke zu erwarten, so hat sich die Abdichtung der Dehnfuge mit einer Klemmkonstruktion jahrzehntelang bewährt. Hierbei wird die Abdichtwirkung durch Anpressen eines speziellen Klemmfugenbandes aus Elastomer oder Thermoplast mit Klemmflanschen an die Betonoberfläche erzielt.
Bild 32 und Bild 33 zeigen Beispiele für Klemmkonstruktionen, Bild 34 zeigt schematisch den Aufbau der Klemmung.

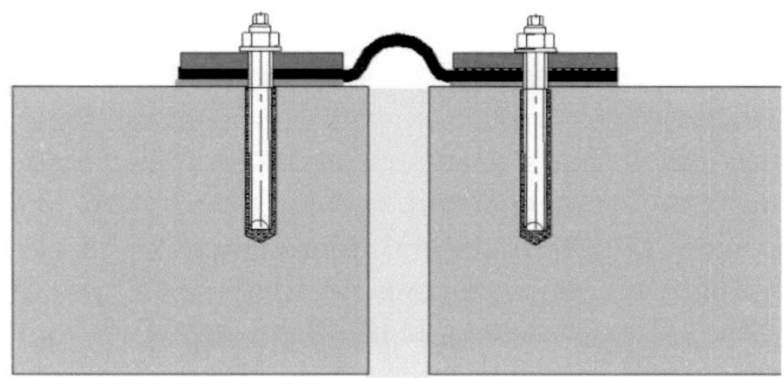

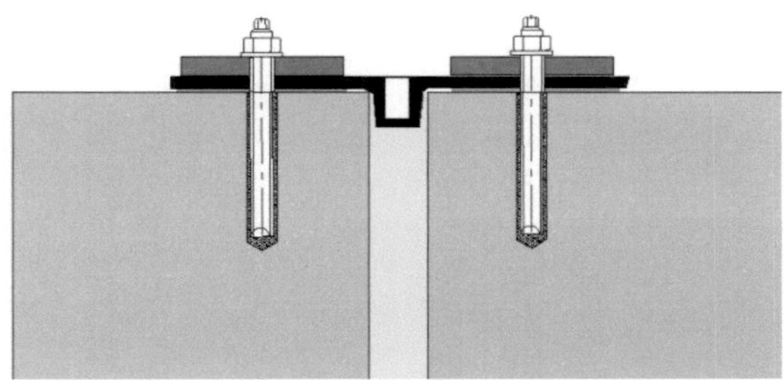

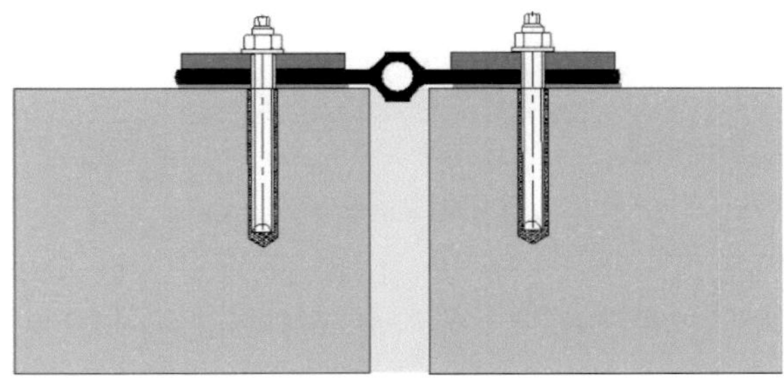

Bild 32 Klemmkonstruktionen mit unterschiedlichen Klemmfugenbändern

Das Klemmfugenband muss auf die Beanspruchung durch Verformung und Wasserdruck abgestimmt und hinsichtlich Banddicke und Werkstoff entsprechend dimensioniert sein.

Bild 33 Beispiel für eine beidschenklige Klemmkonstruktion

Bei der Klemmkonstruktion wird das Klemmfugenband und die Rohkautschukdichtlage im Bereich der Ankerstangen gelocht, eingebaut und durch Anziehen der Anziehmuttern mit dem vom Fugenbandhersteller vorgegebenen Anzugsmoment zwischen der Bauteiloberfläche und dem Klemmflansch eingeklemmt. Klemmfugenband und Rohkautschukdichtlage sind – wie in Bild 34 dargestellt – von den Ankerstangen durchdrungen.

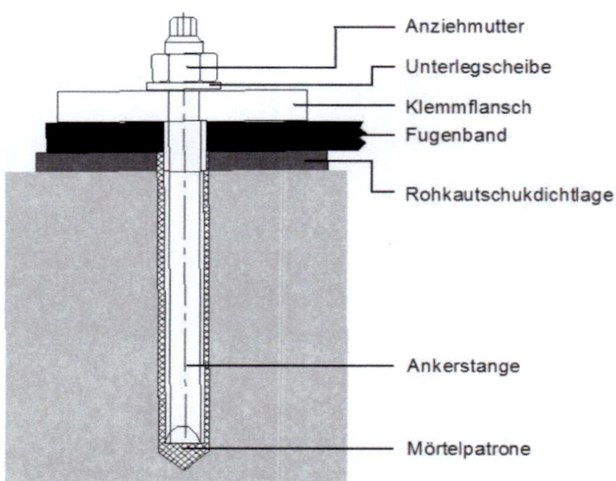

Bild 34 Prinzipieller Aufbau einer Klemmkonstruktion

Klemmfugenbänder werden sowohl aus thermoplastischem Werkstoff als auch aus Elastomer angeboten. Für die Wirksamkeit des Dichtprinzips ist ein Material erforderlich, das auch unter Druck eine dauerhafte Rückstellkraft besitzt. Elastomer besitzt ein gutes Rückstellvermögen und eignet sich dadurch besonders für Klemmkonstruktionen. Bei hoher Beanspruchung kommen auch gewebeverstärkte Elastomerfugenbänder zum Einsatz. Die Verstärkung besteht in der Regel aus ein oder zwei Lagen in das Fugenband einvulkanisierten Nylon- oder Kevlargewebes.

Hinsichtlich der Fügetechnik unterscheiden sich die beiden Werkstoffe grundsätzlich. Thermoplastische Fugenbänder werden durch Schweißen gefügt, Verbindungen von Elastomerfugenbändern müssen durch Vulkanisation hergestellt werden. Prinzipiell dürfen aber auf der Baustelle nur Stumpfstöße hergestellt werden, während alle anderen Verbindungen vom Fugenbandhersteller im Werk gefertigt werden müssen. Stumpfstöße dürfen auf der Baustelle nur von in der Fügung von Fugenbändern geschulten Mitarbeitern oder durch Mitarbeiter des Fugenbandherstellers durchgeführt werden.

Klemmkonstruktionen erfordern sowohl planerisch als auch ausführungstechnisch viel Erfahrung. Bei Klemmkonstruktionen handelt es sich um objektspezifische Maßanfertigungen, die hinsichtlich Werkstoff, Dimensionierung, Aufbau und Ausführung exakt auf die Randbedingungen der Fuge und spezifische Gegebenheiten des Objektes abgestimmt werden müssen und eine sorgfältige Ausführung erfordern. Bei der Planung einer Klemmkonstruktion ist u. a. Folgendes zu beachten:

- Die Klemmkonstruktion (Ankerabstände, Ankerdurchmesser und Abmessungen der Klemmflansche, Anzugsmomente) und das Fugenband müssen auf die Beanspruchung durch Verformung und Wasserdruck abgestimmt und entsprechend dimensioniert sein.
- Die freie Fugenbandbreite zwischen den Fugenflanken sollte so klein wie möglich sein.
- Richtungswechsel in Kehlen und Kanten sollten durch Formteile der Flanschkonstruktionen mit einem Mindestradius von 200 mm bzw. durch Sonderklemmflansche (Bild 35) ausgeführt werden. Außen- und Innenecken sind so auszuführen, dass auch in den Eckbereichen ein ausreichender Anpressdruck erzielt wird.
- Der Klemmflansch sollte mindestens 10 mm dick sein, die Flanschbreite bei drückendem Wasser mindestens 100 mm betragen. Die Länge der Losflansche sollte ≤ 1500 mm, besser 1000 mm aufweisen. Zur Ausführung kommen Klemmflansche aus verzinktem Stahl oder V4A-Stahl.
- Um Kerbverletzungen des Fugenbandes während des Bau- und Gebrauchszustandes zu vermeiden, sind an den Klemmflanschen Kanten und Ecken, die im eingebauten Zustand Kontakt mit dem Klemmfugenband haben, abzugraten.
- Gegebenenfalls ist die Klemmkonstruktion zu ihrem Schutz mit einer Blechabdeckung zu versehen.

Bild 35 Beispiel für eine beidschenklige Klemmkonstruktion

Die Wahl des Klemmfugenbandes und die Bemessung der Klemmkonstruktion (Ankerabstände und -durchmesser, Abmessungen der Klemmflansche) sollte in enger Zusammenarbeit mit dem Fugenbandhersteller erfolgen. Dieser sollte über eine ausreichende Erfahrung mit Klemmkonstruktionen verfügen.

Bei der Bauausführung und Montage einer Klemmkonstruktion ist u. a. Folgendes zu beachten:

- Der Klemmuntergrund muss wasserundurchlässig, sauber, eben und tragfähig sowie frei von Rissen und Fehlstellen sein. Gegebenenfalls muss die Betonoberfläche im Bereich der späteren Klemmfläche durch Spachteln oder Aufbringen eines kunststoffvergüteten Mörtelbandes vorbehandelt werden. Unebenheiten sind auszugleichen, Lunker und Fehlstellen zu schließen.
- Bei Klemmkonstruktionen ist auf einen ausreichenden und gleichmäßigen Anpressdruck des Fugenbandes zu achten.
- Die Fügung bei Klemmfugenbändern muss im Klemmteil ohne Profilerhöhung erfolgen, damit später im eingebauten Zustand durch den Klemmflansch ein gleichmäßiger Anpressdruck aufgebracht werden kann.
- Angrenzende Klemmflansche dürfen sich nicht berühren, da ansonsten durch gegenseitiges Verkanten der Flansche kein Anpressdruck aufgebracht werden kann. Im Regelfall sollte der Abstand zwischen zwei Klemmflanschen nicht größer als 4 mm, besser noch 2 mm sein.
- Beim Einbau des Fugenbandes ist sorgfältig darauf zu achten, dass das Fugenband im Flanschbereich keine Falten wirft. Diese lassen sich im Regelfall auch durch das Anpressen der Klemmflansche nicht verdrücken.
- Die Ankerstangen müssen bis zum Aufsetzen der Schraubmuttern vor Verschmutzung und Beschädigung geschützt werden. Die Gewinde der Ankerstangen müssen sauber und ggf. geölt sein, sodass sich die Muttern leichtgängig aufschrauben lassen.
- Verschmutzungen der Flanschflächen sind unmittelbar vor Einbau der Abdichtung zu säubern.
- Die Klemmkonstruktion muss innerhalb von drei Wochen mehrfach mit einem Drehmomentschlüssel nachgespannt werden (mindestens dreimaliges Nachspannen).

Überkleben der Dehnfuge mit einem streifenförmigen, vollflächig aufgeklebten Fugenabdichtungsband

Eine weitere Möglichkeit, undichte Dehnfugen nachträglich abzudichten, kann objektabhängig das Überkleben der Dehnfuge mit einem Fugenband oder einer streifenförmigen Abdichtungsbahn sein. Hierzu kommen z. B. Fugenabdichtungsbänder aus einem thermoplastischen Elastomer oder gewebekaschierten Elastomer infrage, die mit einem geeigneten Kleber z. B. auf Epoxidharzbasis vollflächig druck- und wasserfest beiderseitig der Dehnfuge auf den Beton geklebt werden und die Dehnfuge überbrücken. Ein entsprechendes Beispiel zeigt Bild 36.

Die Klebeflächen müssen systemabhängig im Regelfall ausreichend trocken sowie frei von Rissen und Beschädigungen sein und eine ausreichende Festigkeit besitzen. Abklebesysteme sind im Regelfall nur für Dehnfugen mit kleineren Fugenbewegungen und positivem Wasserdruck geeignet.

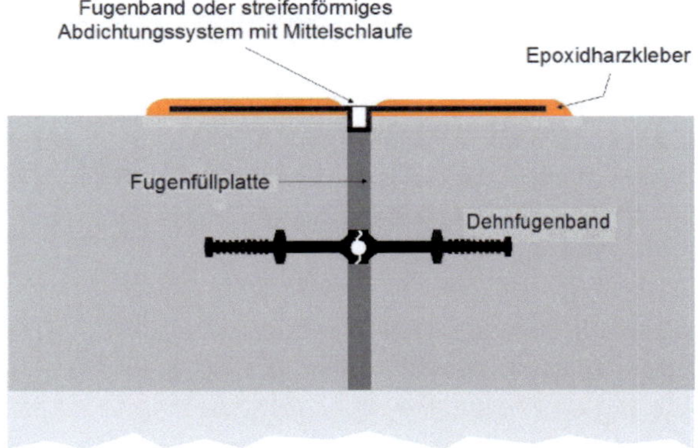

Bild 36 Nachträgliche Abdichtung einer undichten Dehnfuge mit einem aufgeklebten Fugenband

7 Literaturverzeichnis

[1] Bundesanstalt für Straßenwesen (Hrsg.): Zusätzliche technische Vertragsbedingungen und Richtlinien für Ingenieurbauten (ZTV-ING), Teil 3 – Massivbau, Abschnitt 5: Füllen von Rissen und Hohlräumen in Betonbauteilen. Dortmund: Verkehrsblattverlag, 2003

[2] Deutscher Ausschuss für Stahlbeton (Hrsg.): Richtlinie Schutz und Instandsetzung von Betonbauteilen (Instandsetzungsrichtlinie). Berlin: Beuth 2001

[3] Deutscher Ausschuss für Stahlbeton (Hrsg.): Richtlinie Wasserundurchlässige Bauwerke aus Beton (WU-Richtlinie). Berlin: Beuth, 2003

[4] DIN EN 1504-5 Produkte und Systeme für den Schutz und die Instandsetzung von Betontragwerken – Definitionen, Anforderungen, Qualitätsüberwachung und Beurteilung der Konformität – Teil 5 Injektion von Betonbauteilen (Ausgabe: 2005-03)

[5] DIN V 18028 Rissfüllstoffe nach DIN EN 1504-5:2005-03 mit besonderen Eigenschaften (Ausgabe 2006-06)

[6] Eßer, A.: Abdichten von Rissen durch Injektion bei WU-Konstruktionen aus Beton. In:

Bauphysikkalender 2008, S. 377 bis 397, Berlin: Ernst & Sohn
[7] Graeve, H.: Abdichten von Rissen und Hohlräumen in wasserundurchlässigen Bauwerken aus Beton. Beton- und Stahlbetonbau, Sonderheft Oktober 2014, S. 106 bis 117
[8] Graeve, H.: Nachträgliche Abdichtung von WU-Betonbauteilen. In: Bauphysikkalender 2004, S. 675 bis 702, Berlin: Ernst & Sohn
[9] Hohmann, R.: Elementwände in drückendem Wasser. Stuttgart: Fraunhofer IRB Verlag, 2016
[10] Hohmann, R.: Fugenabdichtung bei wasserundurchlässigen Bauwerken aus Beton. Stuttgart: Fraunhofer IRB Verlag, 2009
[11] STUVA e. V, Köln (Hrsg.): ABI-Merkblatt »Abdichtung von Bauwerken durch Injektion«. 3., überarb. Auflage, Stuttgart: Fraunhofer IRB Verlag, 2014

Hinweis

Dieser Beitrag enthält z. T. Textpassagen und Bilder aus anderen Publikationen des Autors.

Bildverzeichnis

Tricosal Bauabdichtungs-GmbH: 2, 4, 6, 9, 13, 34, 35

Zum Autor

Prof. Dr.-Ing. Rainer Hohmann ist Professor für Bauphysik an der Fachhochschule Dortmund. Er ist u. a. Mitglied im

- Sachverständigenausschuss »Bauwerks- und Dachabdichtung« des DIBt,
- DIN-Ausschuss der DIN 18197 »Abdichten von Fugen in Beton mit Fugenbändern«,
- DIN-Ausschuss der DIN 18541 »Fugenbänder aus thermoplastischen Kunststoffen zur Abdichtung von Fugen in Beton«,
- DIN-Ausschuss der DIN 7865 »Elastomer-Fugenbänder zur Abdichtung von Fugen in Beton«,
- DAfStb-Unterausschuss »Wasserundurchlässige Bauwerke aus Beton« (WU-Richtlinie),
- DBV-Arbeitskreis »Injektionsschlauchsysteme und quellfähige Einlagen für Arbeitsfugen«,
- DBV-Arbeitskreis »Hochwertige Nutzung von Untergeschossen«.

Er ist Autor zahlreicher Fachpublikationen u. a. zum Thema der Abdichtung von Bauwerken und Fachreferent zum genannten Themenbereich.

Dachterrassen und Balkone richtig abdichten

Silke Sous

1 Einleitung

Sind Balkone in gleicher Art und Weise abzudichten wie Dachterrassen? Die neue **Flachdachabdichtungsnorm** (DIN 18531:2017-07), die nun auch für genutzte Dächer gilt, und die neue **Fachregel für Abdichtungen - Flachdachrichtlinie** (2016-12) schüren diese Streitigkeiten, da sie eine uneinheitliche Bewertung dieser Situationen vorgeben.
Aus diesem Grund ist es wichtig – trotz jahrelanger Diskussion über Qualitätsklassen für den Bereich der **nicht genutzten** Dächer – auch für die genutzten Dächer über die notwendigen Zuverlässigkeits- und Sicherheitskriterien der unterschiedlichen Bauweisen, die sich insbesondere in den Schadensfolgen und dem Aufwand der Schadensbeseitigung ermessen lassen, zu berichten (siehe Bild 1). Im Folgenden sollen die besonders zu beachtenden Aspekte beschrieben werden.

Bild 1 Unterschied zwischen Dachterrasse (oberhalb genutzter Räume) und Balkon (unterseitig luftumspült)

Bild 2 Balkon ohne Abdichtung, aber gebrauchstauglich

2 Regelwerke – Mindestgefälle

Die nun abgelöste **Abdichtungsnorm** DIN 18195 enthielt in Teil 5 [2] für genutzte Dächer den Hinweis, dass Wasser auf der Abdichtungsoberseite dauerhaft wirksam abzuleiten ist, sodass auf die Abdichtung kein bzw. nur geringer hydrostatischer Druck ausgeübt wird. Eine bestimmte Mindestneigung der zu entwässernden Fläche wurde hieraus nicht abgeleitet. Lediglich bei der Beschreibung der Ausführungsqualität einer Bitumenbahnabdichtung hoch beanspruchter Flächen – zu denen die Dachterrassen zählten – wurde auf ein Mindestgefälle von 2 % bei einer bestimmten Stoffauswahl mit Oxidationsbitumen hingewiesen. Bei einer Unterschreitung dieser Neigung waren zwei Lagen Polymerbitumenbahnen zu verwenden.
Die neue DIN 18531 unterscheidet für die genutzten Dächer – hierzu zählen Dachterrassen, intensiv begrünte Dachflächen und mit gewissen Besonderheiten auch Dachflächen mit haustechnischen Anlagen – ähnlich differenziert (wie bisher für nicht genutzte Flachdächer) bezüglich des Gefälles nach der Anwendungsklasse. In der Standardklasse K1 wird für die Planung ein Mindestgefälle von 2 % empfohlen. Bei dessen Unterschreitung muss der

Abdichtungsaufwand der höheren Anwendungsklasse (bisher: Anwendungskategorie) K2 zugrunde gelegt werden, um eine Einordnung in K1 zu gewährleisten. Pfützenfreiheit ist in dieser Klasse nicht zwingendes Kriterium. Hingegen wird bei der höheren Anwendungsklasse K2 ein Gefälle von mind. 2 % gefordert und auch im Bereich von Kehlen ein Mindestgefälle von 1 % vorgeschrieben. Länger stehende und größere Pfützen können jedoch hierdurch nicht zuverlässig vermieden werden. Diese Anforderungen beschränken sich ausdrücklich auf die Planungsphase. Wegen Deckendurchbiegungen, Höhenversätzen und zulässigen Unebenheiten kann in beiden Anwendungsklassen von der Planungsvorgabe abgewichen werden, weswegen die Planungsanforderung im besten Fall zur Vermeidung von großen Gegengefällestrecken führt. Daher enthält die Norm den Hinweis, dass Pfützen erst ab einem geplanten Gefälle > 5 % dauerhaft vermieden werden können.

Balkone, Loggien und Laubengänge werden als Dachflächen definiert, unter denen keine Innenräume liegen. Sie sind in Teil 5 der neuen Dachabdichtungsnorm geregelt, der einen eigenständigen Normenteil bildet und nur wenige Gemeinsamkeiten mit den Teilen 1 bis 4 der Normenreihe hat. Die Anforderungen an das Gefälle orientiert sich an bisherigen Regeln, die nicht in den Normen beschrieben waren. So wurde bislang z. B. in den Merkblättern des Zentralverbandes des Deutschen Baugewerbes (ZDB) oder anderer Verbände, die sich mit Belagskonstruktionen beschäftigen, ein Gefälle von 1,5 % empfohlen, da größere Gefälle die Nutzungen beeinträchtigen können. Diese Gefällegebung wurde in Teil 5 der Norm übernommen.

Die Flachdachrichtlinie [3] regelte bisher die Anforderungen an das Gefälle von Flachdächern vergleichbar, geht aber mit dem Erscheinen der Fassung im Dezember 2016 einen anderen Weg: Die Anwendungsklassen sind – auch für die nicht genutzten Dächer – entfallen. Für genutzte Dachflächen werden keine unterschiedlichen Qualitätsstandards formuliert, mit dem Argument, dass Dachterrassen und Balkone abdichtungstechnisch gleich zu behandeln sind. Die Regelungen der Flachdachrichtlinie in Bezug zu den Stoffanforderungen entsprechen etwa den Anforderungen der Anwendungsklasse K2, lassen aber Ausnahmen vom Regelfall der Gefällegebung von 2 % zu. Die Flachdachrichtlinie enthält auch den Hinweis, dass eine vollständige Pfützenfreiheit erst ab einer Dachneigung von 5 % zu erwarten ist. Man will mit dieser Ergänzung auf unvermeidbare Abweichungen von der planerischen Vorgabe einer Gefällegebung hinweisen, da durch unvermeidbare und damit technisch zulässige Unebenheiten, Deckendurchbiegungen, Höhenversätze etc. die Planungsvorgabe einer bestimmten Neigung sich unter bauüblichen Bedingungen nicht umsetzen lässt. Umgekehrt bedeutet eine planerische Vorgabe einer bestimmten Gefällegebung aber auch, dass das Gefälle größer ausfallen kann und damit in bestimmten Situationen zu anderen Nachteilen führt, etwa der eingeschränkten Nutzbarkeit von Dachterrassen oder der Gefahr des Abrutschens von Belagsschichten.

Wenn in konkreten Einzelfällen tiefere Pfützenbildungen vermieden werden sollen, können die nach der Maßtoleranznorm DIN 18202 [4] zulässigen Ebenheitsabweichungen sowie die in Abhängigkeit von Baustoff, Konstruktionsweise und Stützenabständen von Deckentragwerken zulässigen Durchbiegungen rechnerisch abgeschätzt werden, um Senken zu prognostizieren. Dann kann eine objektspezifische, planerische Gefällegebung von z. B. 0,7 % helfen, Senken in einer Tiefe von z. B. 10 cm zu vermeiden und im Einzelfall zu kompensieren. Großflächige Wasseransammlungen von wenigen Zentimetern Tiefe sind allerdings dann noch immer möglich.

3 Regelwerke – Stoffe

In DIN 18531-2:2017-07 werden unter Bezug auf die Stoffnorm DIN Spec 20000-201:2015-08 und ETAG 005 vielfältige Hinweise zur Verwendbarkeit der unterschiedlichen Abdichtungsstoffe gegeben. Sollen genutzte Dächer mit Bitumenbahnen abgedichtet werden, sind diese zweilagig zu verlegen; die Qualität der verwendeten Bahn ist in Abhängigkeit von der Anwendungsklasse zu wählen (z. B. K1 mit Gefälle > 2 %: PY-PV + G200 DD, K1 mit Gefälle < 2 % und K2: 2 × PY-PV). Bei der Abdichtung einer Dachterrasse mit Kunststoff- oder Elastomerbahnen wird eine höhere Zuverlässigkeit durch den Einsatz einer höheren Bahnendicke in der Anwendungsklasse K2 gewährleistet (Ausnahme: Dachabdichtungen aus ECB- und EPDM-Bahnen; hier wird hinsichtlich der zu verwendenden Bahnendicke unterschieden zwischen K1 mit Gefälle > 2 % und < 2 % bzw. K2). Sollen genutzte Dachflächen mit Flüssigkunststoffen aus Polymethylmethacrylatharzen (PMMA), flexiblen ungesättigten Polyesterharzen (UP) oder Polyurethanharzen (PUR) abgedichtet werden, sind diese – unabhängig von der Anwendungsklasse – zweilagig mit Einlage auszuführen. Die Mindesttrockenschichtdicke beträgt 2,1 mm. Soll die Nutzschicht in die Abdichtungsschicht integriert werden, soll diese je nach Einstreuung 1,0 oder 1,5 mm dick sein.

Balkone können selbstverständlich ebenfalls mit den zuvor beschriebenen Systemen abgedichtet werden. DIN 18531-5:2017-07 sieht jedoch weitere Bauarten vor, die für Balkonabdichtungen gebrauchstauglich sind. So können Abdichtungen mit Flüssigkunststoffen auch ohne Einlage (Mindesttrockenschichtdicke 2,0 mm) verwendet werden, im Bereich der Anschlüsse ist eine Einlage einzuarbeiten. Die gegenüber den Dachterrassen reduzierte Mindesttrockenschichtdicke ist eher als Formalität denn als technisch begründet zu bewerten. Balkone können auch im Verbund mit Belägen abgedichtet werden. Hierzu werden rissüberbrückende, mineralische Dichtschlämmen (CM) mit einer Mindesttrockenschichtdicke von 2,0 mm oder Reaktionsharze (RM) mit einer Mindesttrockenschichtdicke von 1,0 mm verwendet.

Die Flachdachrichtlinie unterscheidet auch bei der Stoffauswahl nicht hinsichtlich des konkreten Anwendungsfalls Dachterrasse oder Balkon. Wohl aber lässt sie eine Abdichtung im Verbund mit dem Belag für Balkone zu. Verarbeitungshinweise werden jedoch nicht gegeben.

Beide Regelwerke gehen nicht auf Balkonkonstruktionen ein, die keiner Abdichtung bedürfen. Hierzu zählen z. B. vor die Fassade gestellte Stahlrahmenkonstruktionen mit eingehängten Bodenplatten aus WU-Beton, die insbesondere im kostengünstigen Wohnungsbau häufig zum Einsatz kommen (siehe Bild 2). Genauso wenig müssen offene Tragwerke aus Stahl oder Holz abgedichtet werden, solange die Konstruktionen dauerhaft sind und Dritte nicht beeinträchtigt werden, z. B. Nutzer der Freiflächen, die unterhalb dieser Balkonflächen liegen.

4 Zuverlässigkeit und Qualitätsklassen

Die Zuverlässigkeit einer Bauweise wird in starkem Maße von der Intensität der Beanspruchung, der Dauerhaftigkeit des verwendeten Materials und der Sorgfalt der Ausführung beeinflusst. Dennoch kann eine Abdichtung genutzter Dächer und Balkone auch bei Nichtbeachtung einer dieser Komponenten ausreichend zuverlässig sein.

Die Einwirkungen auf Abdichtungen werden nicht hauptsächlich durch die Dachneigung beeinflusst, sondern durch andere Parameter, etwa die mechanische Beanspruchung oder die unmittelbare Einwirkung von Sonne, Wind und Wetter. Wenn kleinste Fehlstellen vorhanden sind, kann eine Gefällegebung helfen, Folgeschäden zu reduzieren, da Wasser durch Löcher in der Abdichtung nur dann in größeren Mengen eintritt, wenn diese in Pfützen liegen. Abdichtungen müssen aber unabhängig vom Gefälle vollständig dicht sein.

Wenn Abdichtungsstoffe oder auch nur Nahtverbindungen bei bahnenförmigen Stoffen nicht dauerhaft gegenüber Wasser beständig oder empfindlich gegen mikrobiellen Angriff sind, ist Pfützenbildung zu vermeiden, da sich in lang anhaltend stehendem Wasser Mikroben bilden können, die die Abdichtung schädigen.

Ein wesentliches Kriterium für die Zuverlässigkeit ist die Auffindbarkeit von eventuellen Fehlstellen in den Abdichtungsschichten. Bei üblichen Konstruktionen mit Abdichtungen auf Dämmschichten werden üblicherweise Leckstellen in der Abdichtung erst anhand von Wasserschäden in den Innenräumen erkannt. Unglücklicherweise sind aber Tropfstellen an den Unterseiten von Decken selten lagegleich mit den schadensverursachenden Leckstellen in der Abdichtung, da in üblichen Dachaufbauten Wasser sich auch auf weiten Strecken parallel zur Dachfläche verteilen kann.

Bei weitgespannten Deckentragwerken über Hallen lässt sich in der Regel ohne größeren Mehraufwand die gesamte Konstruktion neigen, wodurch eventuelle Leckstellen in der Abdichtung nur zu Abtropfstellen an den Innenseiten führen können, die in Fließrichtung, also entsprechend der Dachneigung, unterhalb liegen. Dann ist eine Zuordnung vergleichsweise einfach möglich.

Bei Dachabdichtungen ohne Oberflächenschutz, also Abdichtungen, die unmittelbar bewittert sind, lassen sich durch heutige Untersuchungstechniken, etwa durch den Einsatz von Tracergas oder elektronischen Leckortungssystemen, Leckstellen vergleichsweise einfach auffinden. Bei genutzten Dachflächen sind aber Dachabdichtungen nicht unmittelbar zugänglich, weshalb solche Leckortungssysteme wenig zuverlässig verwendet werden können.

Wenn insbesondere bei intensiv begrünten Dächern Abdichtungen nicht geneigt ausgeführt werden sollen, um Wasser für die Begrünung anzusammeln, wird der Widerspruch der Regelwerke deutlich, die die Qualitätsklasse eines Dachs so maßgeblich vom Gefälle abhängig machen. Gerade solche Abdichtungen sollen besonders zuverlässig sein, weil sie unter der Begrünung liegend nur wenig gut zugänglich sind. Die Flachdachrichtlinie fordert Maßnahmen gegen die Folgen der Unterläufigkeit, indem z. B. alle Bauteilschichten untereinander und diese mit einem Stahlbetonuntergrund verklebt werden (siehe Bild 4). Durch diese Maßnahme kann Wasser, das durch eine eventuelle Leckstelle die Abdichtung durchdringt, nicht weit sickern. Falls es dennoch einen Sickerweg durch den Deckenaufbau finden sollte, kann anhand der Lage der Abtropfstelle ohne großen Aufwand auf die Lage der schadensverursachenden Leckstelle geschlossen werden. Auf den Abbruch des gesamten Dachaufbaus kann verzichtet werden, was sonst alleine für die Ursachensuche notwendig wäre. Die Auffindbarkeit einer Leckstelle ist daher ein wesentliches Kriterium der Zuverlässigkeit.

Die Abdichtungsnorm DIN 18531 unterscheidet in den Teilen 1 bis 3 nach Anforderungen für den üblichen und bereits hohen Standard von Flachdachabdichtungen sowohl für Dachflächen als auch für Details. Sie fordert die Kombination von Maßnahmen, um insgesamt die höhere Qualitätsklasse zu erreichen. Praktisch relativiert sich aber das Qualitätskriterium auf die Stoffqualität, weil der andere wesentliche Aspekt der Differenzierung, die Gefällegebung, nur für den Planungszustand gefordert wird, am gebauten Dach aber in gleichem Maße wie bei der Standardklasse K1 die Planungsanforderung unterschritten werden kann.

Dagegen fordert die Flachdachrichtlinie von vorneherein den höheren Stoffaufwand und schließt den bisherigen Standardfall aus. Damit werden aber Konstruktionen, bei denen aufgrund bestimmter Rahmenbedingungen einfachere Aufwendungen möglich sind, ausgeschlossen. Die Autoren der Flachdachrichtlinie begründen dies damit, dass die einfacheren Stoffe, also Oxidationsbitumenbahnen oder Kunststoffdachbahnen der üblichen Dicken, nicht mehr marktgängig seien. Dem widersprechen allerdings die Verkaufszahlen der Hersteller von Dachbahnen, die nach wie vor große Mengen von den einfacheren Dachbahnen verkaufen.

Zwar verzichtet die Flachdachrichtlinie auf die Benennung von Qualitätskriterien, sie enthält sie aber dennoch. Es bleibt somit dem Anwender der Richtlinie überlassen, objektbezogen die jeweils richtige Bauweise und Bauart festzulegen.

Das ist insofern bedauerlich, weil dem Anwender eine Orientierungshilfe genommen wird, der nun selbst die Entscheidung treffen oder diese für seinen Kunden vorbereiten muss.

Andererseits kann diese Vorgehensweise streitmindernd sein, da sich sehr häufig Streitigkeiten über reine Formalien entzünden. Wie bereits ausgeführt, müssen Dächer unabhängig vom Gefälle dicht sein. Es gibt wichtigere Kriterien als Gefällegebungen, die zur Zuverlässigkeit eines Dachs beitragen. Wenn z. B. Maßnahmen gegen die Folgen der Unterläufigkeit getroffen wurden, spielt das Gefälle annähernd keine Rolle mehr. Daher kann der Verzicht auf die Definition von Qualitätsklassen das Potenzial zum Streit vermindern.

Schaut man sich die Differenzen zwischen den beiden wichtigen Regelwerken für Flachdachabdichtungen an, stellt man fest, dass beide Regelwerke Defizite aufweisen und beide Regelwerke weiter zu entwickeln sind. Wünschenswert wäre, wenn die beiden Regelwerke wieder aneinander herangeführt werden, wie das bereits in den Fassungen der Flachdachrichtlinie seit 2008 sowie der damals geltenden DIN 18531 von 2005 bzw. 2010 in Verbindung mit der DIN 18195-5 schon der Fall war. Zurzeit bleibt es dem Anwender überlassen, sich aus beiden Regelwerken das für den jeweiligen Werkerfolg Notwendige auf Basis der anerkannten Regeln der Technik herauszusuchen. Bei der Bewertung von bereits ausgeführten Dächern sind diese Schwierigkeiten zu berücksichtigen. Das Anlegen eines Bewertungsmaßstabs, der in einem der Regelwerke niedergeschrieben ist, entspricht nicht den Grundsätzen der anerkannten Regeln der Technik [5].

Bild 3 Abschottungen grenzen Felder bei der Leckagesuche ein, wenn ein Schaden eingetreten ist.

Bild 4 Wasserunterläufigkeiten werden durch vollflächige Verklebung verhindert und ein Schaden somit vermieden.

5 Bauweisen genutzter Dächer und Balkone

Bei den früher häufig im Mörtelbett verlegten Plattenbelägen war es erforderlich, sowohl die Belags- als auch die Abdichtungsoberfläche mit einem Gefälle von 1,5 bis 2 % zu versehen. Zur Vermeidung von Wasseranstauungen sind Dränschichten einzuplanen. Da aber auch dadurch dauerhaft in der Konstruktion stehendes Wasser, Sinterspuren oder gar Auffrierungen des Belages nicht vollständig zu vermeiden sind, haben sich diese Konstruktionen ohne zusätzliche Dränung nicht bewährt (siehe Bild 5). Aufgrund der fest miteinander verbundenen Bauteilschichten ist eine Leckortung im Schadensfall nur unter vollständiger Zerstörung möglich.
Empfehlenswert ist daher, Plattenbeläge im Splittbett oder auf Punktlagern lose zu verlegen. Ob ein Gefälle der Belagsoberfläche erforderlich ist, hängt in erster Linie davon ab, ob eine zügige Entwässerung der Belagsoberfläche dauerhaft möglich ist. Das **Merkblatt Außenbeläge** des ZDB [6] fordert bei Fliesen und Platten mit ebener Oberfläche ein Mindestgefälle zwischen 1 und 2 % und gibt den Hinweis, dass es bei rauen, profilierten und strukturierten Oberflächen dennoch zu Feuchtigkeitsrückständen kommen kann. Bei breiteren Fugen, bei denen die Gefahr des Zusetzens geringer ist als bei schmalen Fugen, kann ein Oberflächengefälle entbehrlich sein. Bei Belägen im Splittbett ist auf die Entwässerungsleistung des verwendeten Bettungsmaterials zu achten (siehe Dachbegrünungsrichtlinie [7]), damit unerwünschte Anstauungen vermieden werden.
Bei begehbaren Belägen liegt die Grenze des Gefälles bei etwa 3 %, da die Nutzbarkeit ansonsten stark eingeschränkt ist. Die zulässige Maßabweichung für flächenfertige Oberflächen ist geringer als die für nicht flächenfertige. DIN 18202 [4] nennt hier ein Maß von bis zu 15 mm je nach Messpunktabstand.
In der **Bautechnischen Information für Naturwerkstein** BTI 1.4 [8] wird beschrieben, dass mit zunehmender Rauigkeit ein stärkeres Gefälle vorzusehen ist. Es wird ein Mindestmaß von 1,5 % genannt, bei Oberflächenbearbeitungen wird eine Größenordnung zwischen 2 und 3 % angegeben.
Die Abdichtungsoberfläche sollte zur Vermeidung von Pfützen geneigt sein. Insbesondere bei einem Dachaufbau mit Punktlagern besteht bei größeren Wasseransammlungen unterhalb des Plattenbelages die Gefahr von Geruchsbelästigungen (siehe Bild 6), wenn Wasser sich in größeren Flächen und Tiefen von mehreren Zentimetern anstaut und sich darin Bakterien bilden können. Dagegen sind Anstauhöhen von 1 bis 2 cm üblicherweise unproblematisch. Genauso wenig sind Probleme zu erwarten, wenn Wasser durch Belagsschüttungen, etwa Splitt, verdrängt wird – allerdings besteht dann die Gefahr von verstärktem, unerwünschtem Pflanzenwuchs.

Bild 5 Deutliche Sinterspuren bei einem im Mörtelbett verlegten Plattenbelag ohne Gefälle [Bildquelle: Oswald]

Bild 6 Platten auf Stelzlagern benötigen kein Gefälle, wohl aber die darunter verlegte Abdichtung

Werden geschlossene Beläge gewünscht, können Abdichtungen im Verbund mit den Belägen auf dem Estrich verarbeitet werden. Alternativ sind durchlässige Estriche auf entwässerten Dränschichten möglich, die Stauwasser im Belagsaufbau verhindern.
Bei extensiv begrünten Dachflächen soll sich auf der Abdichtung kein Wasser ansammeln, da die für extensive Begrünungen geeigneten Pflanzen unter dem vielen Wasser leiden. Die dort häufig unerwünschten Kräuter, Gräser, Sträucher und Bäume gedeihen ebenfalls nicht, da sie in Trockenphasen absterben. Nicht selten verwüsten als extensiv begrünte Dächer geplante Flächen, weil die dafür geeigneten Pflanzen durch das Überangebot von Wasser faulen und andere Pflanzen vertrocknen. Ein geringeres Gefälle kann ggf. mit dickeren Drän-

schichten kompensiert werden. Hinweise zu den Entwässerungseigenschaften dieser Schichten sind in der Dachbegrünungsrichtlinie enthalten [6].

6 Details

DIN 18531 unterscheidet auch bei den Dachdetails nach den Anwendungsklassen.

Grundsätzlich ist es sinnvoll, Durchdringungen gebündelt durch die Dachkonstruktion zu führen. Ist dies nicht möglich, sollten laut Dachabdichtungsnorm und Flachdachrichtlinie Abstände von 30 cm untereinander bzw. von aufgehenden Wandflächen eingehalten werden. Die nun zurückgezogene DIN 18195-9 forderte hier ein Maß von 15 cm als Mindestabstandsmaß, das sich als bewährt erwiesen hat. Allerdings unterscheidet DIN 18531 nach der Bauart. Für Abdichtungen mit Bitumenbahnen werden größere Abstände gefordert als für andere Bauarten, bei denen Abstände von 10 cm möglich sind. Baupraktisch sind die großen Abstände von 30 cm zuzüglich der jeweiligen Flanschbreiten von 5 oder 8 cm häufig nicht möglich und in vielen Fällen auch nicht notwendig. Unmittelbar vor Sockeln verlaufende Leitungen können zur Vermeidung von den großen Abständen umhaust werden, sodass auf die Abstände ganz verzichtet werden kann. Die Abdichtung wird dann um die Umhausung herumgeführt.

Abläufe genutzter Dachflächen und Balkone sind an den Tiefpunkten der jeweiligen Flächen vorzusehen. Zu berücksichtigen sind die Zugänglichkeit und Wartbarkeit der eingebauten Elemente. Weiterhin müssen alle Entwässerungsebenen an die jeweiligen Ablaufelemente angeschlossen sein. Falls die nicht mehr üblichen Plattenbeläge im Mörtelbett verwendet werden sollen, muss mit einer Zusinterung der Öffnungen der Aufstockelemente gerechnet werden, sodass diese ausreichend groß zu dimensionieren sind.

Dachabdichtungen von genutzten Dachflächen sollen an aufgehende Bauteile 15 cm ab Oberkante Belag aufgekantet werden und sind gegen mechanische Einwirkungen zu schützen. Der Abdichtungsrand am aufgehenden Bauteil ist gegen Spritzwasser abzudichten, wenn der Rand nicht vor Wassereinwirkung geschützt liegt. Wenn aber kein Wasser an den Rand gelangen kann, genügt die mechanische Fixierung gegen Abrutschen (siehe Bild 7). Flüssigkunststoffe werden adhäsiv mit dem Untergrund verbunden, sodass keine zusätzlichen Einbauteile erforderlich werden.

Werden Anschlüsse von Abdichtungen mithilfe eingeklebter Bleche hergestellt, besteht die Möglichkeit, dass sich thermisch bedingte Längenänderungen des Metalls auf die Abdichtung übertragen und Risse verursachen. Daher sind diese Anschlüsse nur in der Klasse K1 zulässig. Die Flachdachrichtlinie regelt diese erhöhte Schadensanfälligkeit durch höhere Überlappungsbreiten zwischen den unterschiedlichen Materialien.

Bild 7 Vor Wassereinwirkung geschützt liegender oberer Anschluss der aufgekanteten Bitumenbahnabdichtung

Bild 8 Dichtstofffugen sind wartungsintensiv

Eine geringere Dauerhaftigkeit lässt sich auch im Bereich der Verwahrungen der aufgekanteten Abdichtungen feststellen, wenn Anschlüsse mit Dichtstoff anstelle von zusätzlichen Kappleisten gegen Hinterläufigkeit geschützt werden: Dichtstofffugen sind regelmäßig instand zu halten (siehe Bild 8). Werden Anschlüsse, die im Bereich von Wassereinwirkungen liegen, durch solche Maßnahmen gesichert, sind sie daher der Klasse K1 zuzuordnen. Dächer der Anwendungsklasse K2 sollen zusätzliche Kappleisten erhalten, um Dichtstoffe vor unmittelbarer Bewitterung und damit vor Versprödung zu schützen.

Für den Bereich der Dachränder als Abschlüsse von Flachdachabdichtungen werden Aufkantungshöhen mit 10 cm (bzw. Verringerung auf 5 cm bei Gefälle > 5° nach FDR) geringer angesetzt. Die Höhenlage von Notüberläufen ist auf die Höhenlage der Oberkante der Abdichtung bei Türschwellen abzustimmen, um ein Eindringen von Wasser in Innenräume zuverlässig zu verhindern.

Eine besondere Bedeutung hat die Wassereinwirkung im Bereich von Türschwellen. Die formal geforderte Aufkantungshöhe von 15 cm ab Oberkante Belag bzw. wasserführender Ebene lässt sich baupraktisch oft nicht einhalten. Auch eine Reduzierung der Aufkantungshöhe auf 5 cm bei Einbau einer funktionsfähigen Entwässerungsrinne ist im barrierefreien Bauen nicht akzeptabel. Sollen Türschwellen niveaugleich ausgeführt werden, gelten sie nach Norm und Richtlinie als Sonderlösung. Ein häufiges Missverständnis liegt in der Auslegung dieses Begriffs. Sonderlösung ist nicht gleichzusetzen mit erhöhtem Risiko, sondern ist eine im Regelwerk nicht abschließend beschriebene Maßnahme. Der Begriff Sonderlösung lässt daher dem Anwender offen, wie er eine dauerhaft gebrauchstaugliche Lösung erzielt, die genauso zuverlässig ist wie die Dachabdichtung insgesamt. Die Flachdachrichtlinie benutzt diesen Begriff fälschlicherweise bei einer Unterschreitung des Gefälles von 2 %, da sie bereits die Maßnahmen beinhaltet, die gegen das angenommene, aber tatsächlich nicht vorhandene zusätzliche Risiko gefordert werden.

Im Barrierefreien Bauen sind aber niveaugleiche Schwellen als Standard gefordert. Diesen scheinbaren Widerspruch gilt es zu lösen. Die Flachdachrichtlinie schlägt einige Maßnahmen vor, die ggf. zu kombinieren sind, z. B. eine zügige Entwässerung der Außenseite der Schwelle durch Roste (hohen Lochanteil beachten, siehe Bild 9), ein Gefälle im Anschlussbereich, eine Verringerung der Wassereinwirkung durch Überdachung (siehe Bild 10), die Verwendung spezieller Türrahmen mit Flanschen, ein Unterfahren der Türschwelle mit der Abdichtung oder die Abdichtung des angrenzenden Innenraumes. Da einige dieser Varianten tatsächlich selten ausgeführt werden oder handwerklich schwierig ausführbar sind, hat das AIBau – gefördert von der *Forschungsinitiative Zukunft Bau* – zum Thema der **Niveaugleichen Türschwellen** eine Forschungsarbeit [10] veröffentlicht. Da Schäden im Bereich von Türschwellen nicht so häufig sind wie aufgrund der von Regelwerken abweichenden Anschlusskonstruktionen zu erwarten gewesen wären, ist das Ergebnis des Berichtes, dass der tatsächlich notwendige Abdichtungsaufwand nach Beanspruchung ausgewählt werden kann.

Bild 9 Roste gewährleisten eine zügige Entwässerung erst mit hohem Lochanteil

Bild 10 Durch Überdachung vor Wasserbeanspruchung geschützt liegende Anschlusssituation im Erdgeschoss und im 1. Obergeschoss

Häufig und gerade in handwerklich schwierigen Situationen werden Anschlüsse mit Flüssigkunststoffen hergestellt. Hier finden sich in Norm und Richtlinie die identischen Hinweise, dass die Überlappungsbreite zwischen bahnenförmiger und flüssig zu verarbeitender Abdichtung mindestens 100 mm betragen soll. Das AIBau hat – gefördert von der Forschungsinitiative Zukunft Bau – eine Forschungsarbeit zu diesem Thema veröffentlicht [11], die konkretere Hinweise gibt: In Abhängigkeit von der jeweiligen Beanspruchung wird die Ausführung liegender oder stehender Anschlüsse empfohlen (siehe Bild 11), eine entsprechende Gefällegebung vom Anschluss weg und eine bestimmte Schälzugfestigkeit des Anschlusses gefordert.

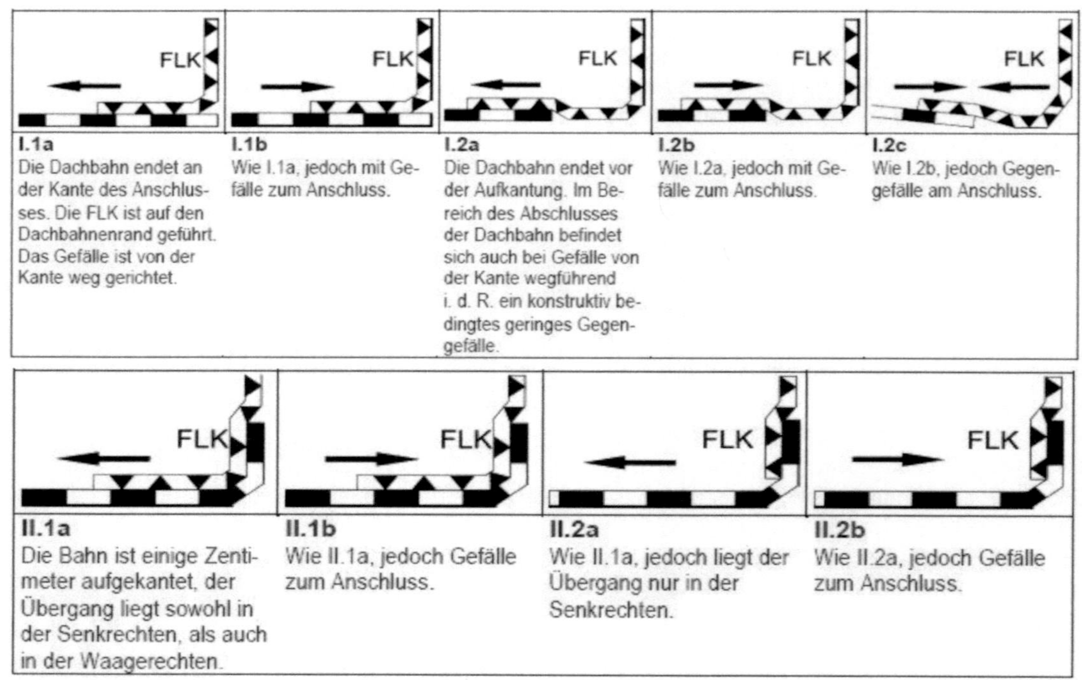

Bild 11 Prinzipskizzen zur Lage der Übergänge zwischen Flüssigkunststoffen und Bahnen, oben: liegende Übergänge, unten: stehende Übergänge

7 Zusammenfassung

Seit Erscheinen des Entwurfs der Dachabdichtungsnorm und der **Flachdachrichtlinie 2016** ist die Diskussion um den Sinn der Anwendungsklassen der Flachdachabdichtung neu entflammt. Der vorliegende Beitrag zeigt, dass eine differenzierte Betrachtungsweise der notwendigen Abdichtung genutzter Dachflächen und Balkone sinnvoll und wünschenswert ist. Die Kriterien der jeweiligen Klasse sollten praxistauglich sein. Hierbei sind die Bedeutung des Versagens und der Aufwand der Schadensbeseitigung unabdingbare Kriterien für die Stoffauswahl der Abdichtung und die Notwendigkeit einer Gefällegebung.

Grundsätzlich reduziert eine Gefällegebung der Dachoberseite die auf die Abdichtung gerichtete Einwirkung: Aufgrund zügiger Entwässerung ist bei einer größeren Neigung der Dachfläche von geringeren Schadensfolgen auszugehen als bei gering geneigten Dachflächen.

Dennoch sind gering geneigte oder gar gefällelos ausgeführte Dächer bei erhöhtem Abdichtungsaufwand herstellbar und bei üblicher Ausführungssorgfalt dauerhaft dicht. Weitgehende Pfützenfreiheit kann erreicht werden, wenn Dachabläufe in den Tiefpunkten der Dachfläche angeordnet werden und die vorhandenen Kehlen mit einem Quergefälle ausgestattet werden. Eine völlige Pfützenfreiheit ist erst zu erwarten, wenn die Dachfläche mindestens um 5 % geneigt wird.

Die Zuverlässigkeit einer Flachdachkonstruktion wird aber überwiegend durch Maßnahmen zur Vermeidung der Folgen von Unterläufigkeit erzielt. Lassen sich durch vollflächiges Verkleben aller Bauteilschichten unter einer Abdichtung untereinander und mit dem Untergrund entweder Folgen von Löchern (bei einer Abdichtung auf Stahlbetondecken) vermeiden oder bei eventuellen Fehlstellen diese ohne großen Aufwand auffinden, ist die wesentliche Voraussetzung für eine Reparierbarkeit erfüllt. Bei einer unterläufigen Konstruktion (z. B. bei Dachbahnen aus Kunststoff, die nicht vollflächig verklebt werden können) lässt sich eine mögliche Fehlstelle bei Gefällegebung der gesamten Konstruktion ebenfalls vergleichsweise einfach finden, weil die Abtropfstelle im Innenraum zumindest einem definierten Bereich der Dachfläche als mögliche Lage der Leckstellen zugeordnet werden kann.

Unterschiedliche Qualitätsstandards zeigen sich auch in der Detailausbildung von Durchdringungen, An- und Abschlüssen von Dachabdichtungen. In diesen Punkten unterscheiden sich die derzeit gültigen Regelwerke nur marginal. So wird die Sicherung der oberen Abdichtungsränder mit Dichtstofffugen als weniger zuverlässig bewertet.

Niveaugleiche Türschwellen werden als Sonderlösung in den Regelwerken beschrieben, obwohl dies im Barrierefreien Bauen, insbesondere bei öffentlichen Gebäuden, gefordert ist.

8 Quellen/Literatur

[1] DIN 18531 Abdichtung von Dächern sowie von Balkonen, Loggien und Laubengängen
- Teil 1: Nicht genutzte und genutzte Dächer – Anforderungen, Planungs- und Ausführungsgrundsätze (Ausgabe: 2017-07)
- Teil 2: Nicht genutzte und genutzte Dächer – Stoffe (Ausgabe: 2017-07)
- Teil 3: Nicht genutzte und genutzte Dächer – Auswahl, Ausführung, Details (Ausgabe: 2017-07)
- Teil 4: Nicht genutzte und genutzte Dächer – Instandhaltung (Ausgabe: 2017-07)
- Teil 5: Balkone, Loggien und Laubengänge (Ausgabe: 2017-07)

[2] DIN 18195 Bauwerksabdichtungen – Teil 5: Abdichtungen gegen nichtdrückendes Wasser auf Deckenflächen und in Nassräumen; Bemessungen und Ausführung (Ausgabe: 2011-12)

[3] Zentralverband des Deutschen Dachdeckerhandwerks e.V. (ZVDH), Fachverband Dach-, Wand- und Abdichtungstechnik e.V. (Hrsg.): Deutsches Dachdeckerhandwerk, Regeln für Abdichtungen mit Flachdachrichtlinie. Köln: Rudolf Müller Verlagsgesellschaft, Dezember 2016

[4] DIN 18202 Toleranzen im Hochbau – Bauwerke (Ausgabe: 2013-04)

[5] Boldt, A./Zöller, M. (Hrsg.): Anerkannte Regeln der Technik. Inhaltsbestimmung eines unbestimmten Rechtsbegriffs. Baurechtliche und -technische Themensammlung Heft 8, Köln, Stuttgart: Bundesanzeiger Verlag, Fraunhofer IRB Verlag, 2017

[6] Zentralverband Deutsches Baugewerbe (Hrsg.): Merkblatt Außenbeläge – Belagskonstruktionen mit Fliesen und Platten außerhalb von Gebäuden. Berlin: ZDB, August 2012

[7] Forschungsgesellschaft Landschaftsentwicklung Landschaftsbau e. V. (Hrsg.): Richtlinie für die Planung, Ausführung und Pflege von Dachbegrünungen/ Dachbegrünungsrichtlinie, Bonn: FLL, März 2008

[8] Deutscher Naturwerkstein-Verband e. V. (Hrsg.): Bautechnische Information Naturwerkstein 1.4 – Bodenbeläge, außen. Würzburg: DNV, Mai 2008

[9] DIN 18195-9 Bauwerksabdichtungen – Teil 9 Durchdringungen, Übergänge, An- und Abschlüsse (Ausgabe: 2010-05)

[10] Oswald, R./Abel, R., Wilmes, K.: Schadenfreie niveaugleiche Türschwellen. Forschungsarbeit, gefördert von der Forschungsinitiative Zukunft Bau, Stuttgart: Fraunhofer IRB Verlag, 2011

[11] Oswald, R./Abel, R./Oswald, M./Wilmes, K./ Zöller, M.: Dauerhaftigkeit von Übergängen zwischen flüssigen und bahnenförmigen Abdichtungen am Beispiel genutzter und nicht genutzter Flachdächer. Forschungsarbeit, gefördert von der Forschungsinitiative Zukunft Bau, Bonn 2015

[12] Oswald, R./Rojahn, H.: Schäden an genutzten Flachdächern. Schadenfreies Bauen Bd. 35, Stuttgart: Fraunhofer IRB Verlag, 2005

[13] Gartz, B./ Zöller, M.: Dachabdichtungen. Zuverlässigkeitsaspekte bei Flachdächern und geneigten Dächern. Baurechtliche und -technische Themensammlung Heft 4, Köln, Stuttgart: Bundesanzeiger Verlag, Fraunhofer IRB Verlag, 2013

Die Autorin

Dipl.-Ing. Silke Sous
- Architekturstudium an der RWTH Aachen;
- seit 1997 wissenschaftliche Mitarbeiterin im Büro von Prof. Dr.-Ing. Oswald und beim AIBau - Aachener Institut für Bauschadensforschung und angewandte Bauphysik gemeinn. GmbH
- seit 2009 staatlich anerkannte Sachverständige für Schall- und Wärmeschutz;
- 2014 bis 2016 Mitarbeiterin bei BFT Planung GmbH (Bauleitung div. Projekte)
- Tätigkeitsschwerpunkte: baukonstruktive und bauphysikalische Beratungen, Planungen von Bauleistungen im Bestand; Mitarbeit bei Gutachten, praktische Bauschadensforschung u. a. zu den Themen Wärmeschutz, Energieeinsparung, Schimmelpilzbildung, Flachdachabdichtung, Instandsetzung und Instandhaltung von Gebäuden, kostengünstiges Bauen.

Bauwerksabdichtung auf dem Parkdeck

Abgrenzung zwischen Abdichtung und Beschichtungen/Oberflächenschutzsystemen und Bewertung der Abdichtungssysteme in Bezug auf Dauerhaftigkeit und Nachhaltigkeit

Georg Göker

Abstract: Die Abdichtung von Parkdecks, Tiefgaragen und anderen befahrenen Flächen dient insbesondere dem Schutz des Bauwerks. Neben dem Schutz vor Niederschlagswasser ist die Aufgabe der Abdichtung, das Bauwerk und dessen Bauteile vor Chlorideinwirkungen durch Tausalz zu schützen. Schäden durch Chlorideinwirkung verursachen oft ein Vielfaches der Kosten, die eine ordnungsgemäße Ausführung der Abdichtung erfordert hätte. Neben den reinen Baukosten spielen deshalb die Instandhaltungskosten und die Lebensdauer der Abdichtung eine wichtige Rolle bei der Wirtschaftlichkeitsbetrachtung von Parkbauten. Der »sachkundige Planer« hat deshalb die Aufgabe, Abdichtungssysteme und -bauweisen auszuwählen und in Hinblick auf die Dauerhaftigkeit und Nachhaltigkeit zu bewerten und dem Bauherrn das für seinen Anwendungsfall geeignete Abdichtungssystem vorzuschlagen.

Keywords: Abdichtung, Beschichtung, Dauerhaftigkeit, DIN 18532, Nachhaltigkeit, Oberflächenschutzsysteme, OS-System, Parkdeck, Tausalzangriff, Tiefgarage

1 Einleitung

Mit der Veröffentlichung der DIN 18532 **Abdichtung von befahrbaren Verkehrsflächen aus Beton** im Juli 2017 werden erstmals Abdichtungssysteme für Parkdecks individuell geregelt. In diesem Regelwerk werden die unterschiedlichen Abdichtungsstoffe und -bauweisen behandelt – von bewährten Systemen wie z. B. Abdichtungen nach ZTV-ING Teil 7 [4] bis hin zu Oberflächenschutzsystemen (OS-Systemen) als flächige Beschichtung. Eine Bewertung in Bezug auf die Dauerhaftigkeit wird dabei nicht getroffen. Eine solche Bewertung der in der DIN 18532 geregelten Abdichtungssysteme wird von Seiten des Deutschen Instituts für Normung (DIN e.V.) explizit ausgeschlossen.

In meinem Vortrag gehe ich auf das Thema Dauerhaftigkeit und Nachhaltigkeit bei der Abdichtung von befahrenen Flächen aus Stahlbeton, insbesondere bei Parkbauten, ein.

Bild 1 Schäden durch Tausalzeinwirkung infolge Spritzwasser in einer Tiefgarage [Quelle: G. Göker]

2 Regelwerke

2.1 Die neue DIN 18532

In der DIN 18532 **Abdichtung von befahrbaren Verkehrsflächen aus Beton** [1], die im Juli 2017 veröffentlicht wurde, werden erstmals Abdichtungssysteme für Parkdecks speziell geregelt. Dennoch bleibt es dem »sachkundigen Planer« vorbehalten eine Auswahl der dort geregelten Abdichtungssysteme und -bauweisen vorzunehmen und in Hinblick auf die Dauerhaftigkeit und Nachhaltigkeit zu bewerten und dem Bauherrn das für seinen Anwendungsfall geeignete Abdichtungssystem vorzuschlagen.

2.2 Bewertungen von Abdichtungssystemen in anderen Regelwerken

Neben der DIN 18532 [1] beschäftigen sich auch andere Regelwerke mit der Dauerhaftigkeit von Parkbauten. Die DIN EN 1992-1-1/NA/A1:2015-12 [3] stellt in Bezug auf die Zuordnung von Expositionsklassen Anforderungen an die Schutzmaßnahmen für die Sicherstellung der Dauerhaftigkeit von Betonbauteilen (vgl. Tabelle 1).

Dazu ist im Entwurf des DAfStb-Heftes 600 eine Tabelle (vgl. Bild 2) geplant, bei der eine Zuordnung der Schutzmaßnahmen vorgenommen wird – von der rissvermeidenden Bauweise (WU-Bauweise) über OS-Systeme bis zu unterlaufsicheren Abdichtungssystemen und darüber hinaus deren Einstufung in die Expositionsklassen und die Regelung von Inspektionsintervallen.

Klasse	Beschreibung der Umgebung	Beispiele für die Zuordnung von Expositionsklassen (informativ)
XC3	Mäßige Feuchte	Bauteile, zu denen die Außenluft häufig oder ständig Zugang hat, z. B. offene Hallen, Innenräume mit hoher Luftfeuchtigkeit z. B. in gewerblichen Küchen, Bädern, Wäschereien, in Feuchträumen von Hallenbädern und in Viehställen; Dachflächen mit flächiger Abdichtung; Verkehrsflächen mit flächiger unterlaufsicherer Abdichtung [b]
XD1	Mäßige Feuchte	Bauteile im Sprühnebelbereich von Verkehrsflächen; Einzelgaragen; befahrene Verkehrsflächen mit vollflächigem Oberflächenschutz [b]
XD3	Wechselnd nass und trocken	Teile von Brücken mit häufiger Spritzwasserbeanspruchung; Fahrbahndecken; befahrene Verkehrsflächen mit rissvermeidenden Bauweisen ohne Oberflächenschutz oder ohne Abdichtung [b]; befahrene Verkehrsflächen mit dauerhaftem lokalen Schutz von Rissen [b d]

[b] Für die Sicherstellung der Dauerhaftigkeit ist ein Instandhaltungsplan im Sinne der DAfStb-Richtlinie „Schutz und Instandsetzung von Betonbauteilen" aufzustellen.

[d] Für die Planung und Ausführung des dauerhaften lokalen Schutzes von Rissen gilt DAfStb-Richtlinie „Schutz und Instandsetzung von Betonbauteilen".

Bild 2 DIN EN 1992-1-1/NA/A1:2015-12, Tabelle 4.1 »Expositionsklassen« [3]

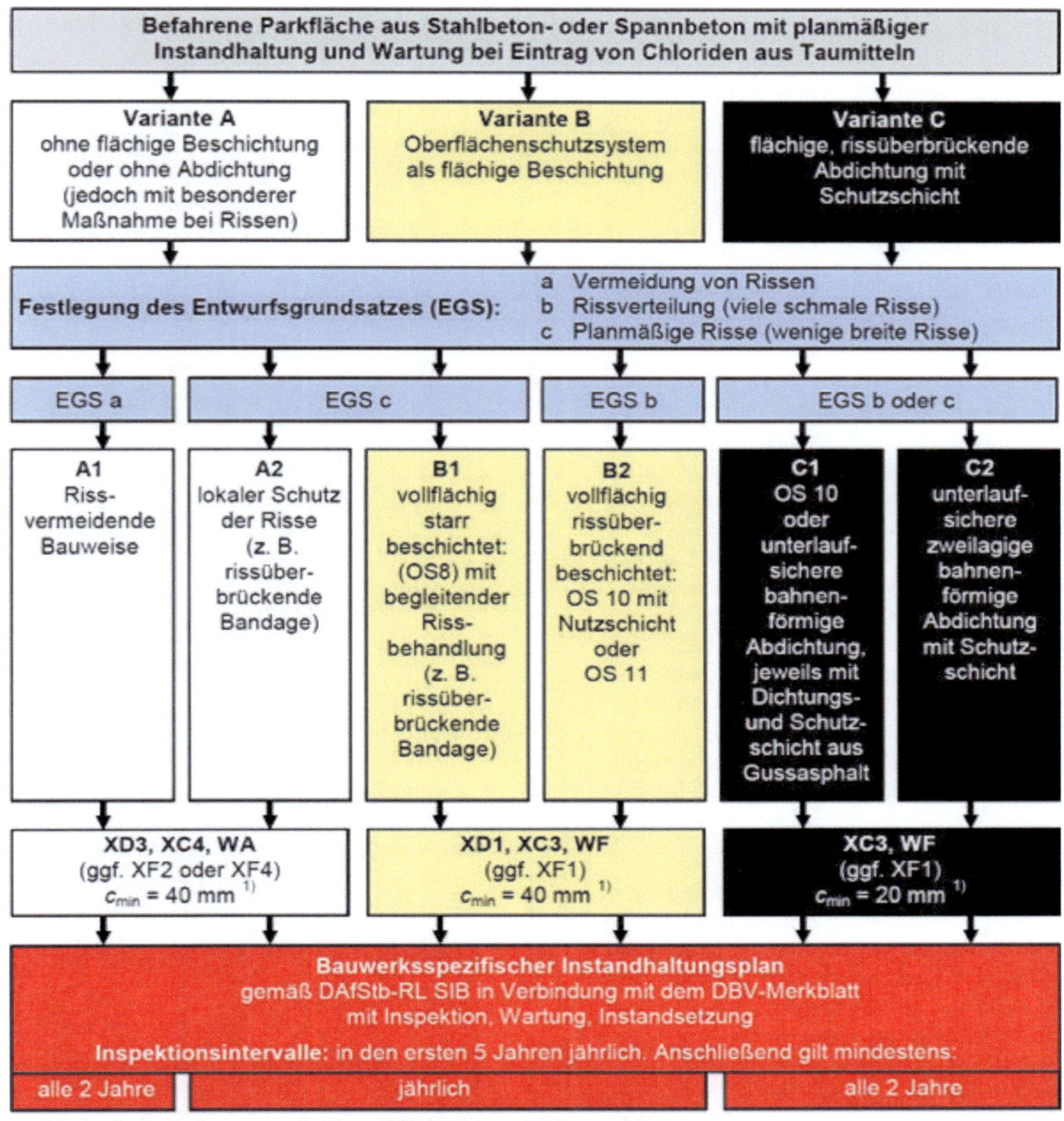

Bild 3 Entwurf für das neue DBV-Merkblatt **Parkhäuser und Tiefgaragen**: Ausführungsvarianten für befahrene Parkflächen auf der Grundlage von DIN EN 1992-1-1/NA/A1 [3] der DAfStb-Instandsetzungs-Richtlinie und den geplanten Erläuterungen in DAfStb-Heft 600 [Quelle: Wiens/Meyer/Raupach, Beton- und Stahlbetonbau, Heft 4, 2015;]

3 Unterscheidung zwischen Abdichtungen und Beschichtungen mit Oberflächenschutzsystemen

In DIN 18532-6 [1] wird in Tabelle 2 eine Zuordnung von Beschichtungen mit Oberflächenschutzsystemen (OS-Systemen), insbesondere von OS 8, OS 10 und OS 11 zu den Abdichtungsbauweisen vorgenommen. Für OS-Systeme wird für die im DBV-Merkblatt **Parkhäuser und Tiefgaragen** [7], in der RL SIB [5] und im DAfStb-Heft 525 [6] beschriebenen Ausführungsvarianten OS 8 und OS 11 »... ein temporäres Eindringen von Chloriden in das Bauteil, bzw. bei Rissen durch das Bauteil hindurch« unterstellt.

Bei Abdichtungen hingegen wird ein Wassereintritt in das Bauteil oder in das Bauwerk allgemein ausgeschlossen – obwohl dieser Sachverhalt in keinem Regelwerk ausdrücklich formuliert ist, aber als ungeschriebene Tatsache, als anerkannte Regel der Technik (a. R. d. T.) zu sehen ist.

4 Unterlaufsicherheit

Im Zusammenhang mit den Regelungen von DAfStb und DBV spielt die Beachtung und die Definition der Unterlaufsicherheit eine wichtige Rolle. Dies gilt für die Einstufung in die Expositionsklasse und damit auch für die Dauerhaftigkeit von Betonbauteilen bei Tausalzangriff. Unterlaufsicher bedeutet, dass sich im Schadensfall kein Wasser und somit auch kein Tausalz unter der Abdichtung ausbreiten kann. Damit wird verhindert, dass das Betonbauteil einem Chloridangriff ausgesetzt wird.

In der DIN 18532-1 [1] werden im Kapitel 8.4.6 die Anforderungen an eine unterlaufsichere Abdichtung wie folgt definiert:

> *»Voraussetzung für die Unterlaufsicherheit einer direkt auf dem Betonuntergrund verlegten Abdichtungsschicht (Bauweise 1a, 1b und 2a) ist eine vollflächige, kraftschlüssige Verbindung zum Betonuntergrund. Weiterhin muss sichergestellt sein, dass die Rautiefe der Betonoberfläche ausgefüllt wird. Der Betonuntergrund ist dazu durch mechanisch abtragende Verfahren vorzubereiten und zu behandeln. Die hierzu im Einzelnen erforderlichen Maßnahmen sind abhängig von der jeweiligen Abdichtungsbauart und in den entsprechenden Teilen dieser Norm beschrieben.«*

Unterlaufsichere Abdichtungssysteme sind insbesondere Abdichtungssysteme nach ZTV-ING Teil 7, Abschnitt 1 bis 3, die aus abtragend vorbereiteter Betonunterlage, Versiegelung und Abdichtung aus einer Lage Bitumenschweißbahn in Verbindung mit einer Schicht aus Gussasphalt oder zweilagiger Bitumenschweißbahn mit Walzasphalt sowie Flüssigkunststoff in Verbindung mit Gussasphalt aufgebaut sind.

Nach den Praxiserfahrungen der BFA BWA (vgl. [8], S. 32 sowie [9], S. 49) können auch Abdichtungen aus zweilagigen Polymerbitumenbahnen, bei denen die erste Abdichtungslage im Gießverfahren oder im Gieß- und Einwalzverfahren auf den abtragend vorbereiteten und vorbehandelten Betonuntergrund aufgebracht wird, als unterlaufsicher angesehen werden.

Hierbei ist nicht zwingend eine Vorbehandlung mit Epoxidharz erforderlich. Es können auch hochwertige Bitumenvoranstriche oder Primer, z. B. nach DIN EN 14188-4, als Haftbrücken verwendet werden. Diese Haftbrücken haben eine höhere Klebekraft als die üblichen Voranstriche.

Bei wärmegedämmten Parkdecks gelten nur Systeme als unterlaufsicher, bei denen die Abdichtung unter der Wärmedämmschicht, auf dem Konstruktionsbeton aufgebracht wird, sogenannte »Umkehrdächer«, die nach den vorgenannten Kriterien ausgeführt werden.

In Bezug auf die »neue« DIN 18532:2017-07 [1] handelt es sich bei unterlaufsicheren Systemen insbesondere um Systeme der Bauweisen 1a und 2a nach DIN 18532-2 und DIN 18532-3 sowie der Bauweisen 1a und 2a mit Flüssigkunststoff nach DIN 18532-6 [1], bei denen die Abdichtung nicht direkt befahren wird.

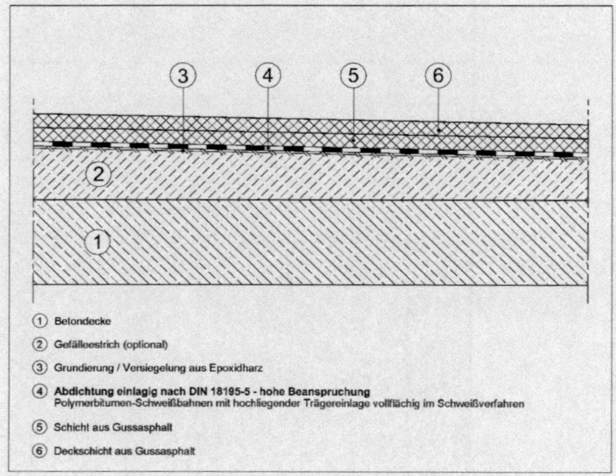

Bild 4 Beispiel aus [8], Abb. 4, S. 65 für ein unterlaufsicheres Abdichtungssystem als nicht wärmegedämmte Bauweise, analog zu DIN 18532-2 [1]

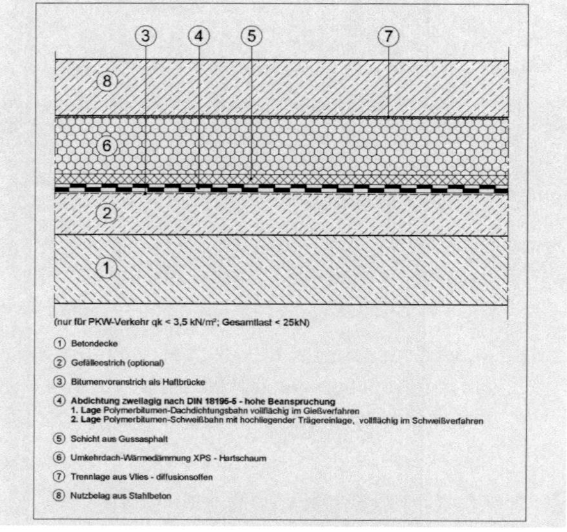

Bild 5 Beispiel aus [8], Abb. 11, S. 77 für ein unterlaufsicheres Abdichtungssystem als wärmegedämmte Bauweise, analog zu DIN 18532-3 [1]

5 Dauerhaftigkeit

Für die Dauerhaftigkeit von Abdichtungen und damit für die Dauerhaftigkeit des Betontragwerkes bei befahrenen Flächen (Parkhäuser und Tiefgaragen)

spielt die Unterlaufsicherheit der Abdichtung eine bedeutende Rolle.
Nur unterlaufsichere Abdichtungssysteme in Verbindung mit einer regelmäßigen Instandhaltung (Wartung) können die Dauerhaftigkeit der Bausubstanz gewährleisten.

6 Wirtschaftlichkeit

Unterlaufsichere Parkdeckabdichtungen stellen im Vergleich zu OS-Systemen in Hinblick auf die planerische Lebensdauer eines Bauwerks von 50 Jahren, unter Berücksichtigung aller mitgerechneten Kosten wie Instandhaltung etc., die wirtschaftlichere Lösung dar.
Untersuchungen von Prof. C. Dauberschmidt [10] haben in Bezug auf die Herstellungs- und Instandhaltungskosten von Beschichtungs- und Abdichtungssystemen bei Parkbauten gezeigt, dass Parkdeck- und Tiefgaragenabdichtungen aus einem unterlaufsichereren Abdichtungssystem, z. B. in Form einer Abdichtung aus einer einlagigen Bitumenschweißbahn in Verbindung mit Gussasphalt (Bauweise nach ZTV-ING. 7.1 bzw. DIN 18532-2), gegenüber OS-Systemen (OS 8 und OS 11) wirtschaftlicher sind. Denn aufgrund der geringeren Anforderungen (vgl. Bild 2) an die Expositionsklassen (XC3 statt XD1) mit geringerer Betondeckung (2 cm statt 4 cm) und geringerer bzw. einfacherer Betonfestigkeitsklassen sowie unter Berücksichtigung der unterschiedlichen Lebenszyklen und Instandhaltungskosten, stellen unterlaufsichere Abdichtungssysteme die wirtschaftlichere und damit die nachhaltigere Variante dar.

7 Risikobewertung

Unter dem Gesichtspunkt der Risikobewertung stellen »klassische« unterlaufsichere Abdichtungssysteme nach DIN 18532-2 und DIN 18532-3 (vgl. [1]) die dauerhaftere Variante gegenüber Oberflächenschutzsystemen (OS 8 und OS 11) nach DAfStb RL SIB [5] und lose verlegten Abdichtungen (z. B. nach DIN 18532-4) dar.
Unterlaufsicher verlegte Abdichtungen mit Schutzschicht haben eine höhere Schutzfunktion als OS-Systeme und sind gleichzeitig durch den geringeren Wartungsaufwand mit einem geringeren Versagensrisiko behaftet. Dabei trägt die Schutzschicht aus Gussasphalt oder Beton durch ihren Schutz gegen mechanische Beanspruchungen bei.
Die direkt befahrenen OS-Systeme OS 8 und OS 11 sind stärker auf die Rissbildung im darunterliegenden Bauteil abzustimmen. Durch das Befahren ergibt sich gegenüber Abdichtungen mit Schutzschicht u. U. ein stärkerer Verschleiß durch das direkte Befahren. Dies kann zu einem vergleichsweise höheren Instandhaltungsaufwand führen. Falls eine Instandhaltung insgesamt nicht erfolgt, bergen aber alle Bauweisen – also mit Beschichtung oder Abdichtung – große Schadenspotenziale für die Bausubstanz und damit für den Nutzer.
Unter Experten ist unstrittig, dass der Bauherr über die jeweiligen Vor- und Nachteile der verschiedenen Bauweisen dahingehend aufzuklären ist, dass er entscheidungsfähig ist.
OS-Systeme, lose verlegte Abdichtungen und unterlaufsichere Abdichtungssysteme stellen verschiedene Varianten des Schutzes des darunterliegenden Bauteils dar. Sie haben unterschiedliche Auswirkungen auf die Planung der Tragstruktur und auf die Instandhaltung des Bauwerks als Ganzes.
Da in DIN 18532-6 [1] diese notwendige Differenzierung zwischen Abdichtungen und Oberflächenschutzsystemen (Beschichtungen) bisher nicht hinreichend abgebildet ist, haben sich der Hauptverband der Deutschen Bauindustrie e. V., der Zentralverband des Deutschen Dachdeckerhandwerks e. V., der Deutsche Beton- und Bautechnik-Verein e. V. sowie der Deutsche Ausschuss für Stahlbeton e. V. sowie das zuständige DIN-Gremium in einer Schlichtung darauf geeinigt, hier zusammen zu eindeutigeren Formulierungen zu kommen und dabei die Regelungen in DIN 18532-6 [1], im Eurocode 2 [2] und in der künftigen »Instandhaltungs-Richtlinie« des DAfStb besser aufeinander abzustimmen.
Die genannten Verbände und Organisationen empfehlen die Anwendung von OS-Systemen nur auf Basis der Regelungen der DAfStb-Richtlinie **Schutz und Instandsetzung von Betonbauteilen** [5] und sehen die Aufnahme von OS-Systemen in DIN 18532-6 [1] kritisch – insbesondere hinsichtlich der Frage, ob sich diese Norm als anerkannte Regel der Technik (a. R. d. T.) etablieren kann.

8 Quellen

[1] DIN 18532, Teile 1 bis 6, Abdichtung von befahrbaren Verkehrsflächen aus Beton (Ausgabe 2017-07)
- Teil 1: Anforderungen, Planungs- und Ausführungsgrundsätze
- Teil 2: Abdichtung mit einer Lage Polymerbitumenbahn und einer Lage Gussasphalt
- Teil 3: Abdichtung mit zwei Lagen Polymerbitumenbahnen

- Teil 4: Abdichtung mit einer Lage Kunststoff- oder Elastomerbahn
- Teil 5: Abdichtung mit einer Lage Polymerbitumenbahn und einer Lage Kunststoff- oder Elastomerbahn
- Teil 6: Abdichtung mit flüssig zu verarbeitenden Abdichtungsstoffen

[2] Eurocode 2: Bemessung und Konstruktion von Stahlbeton- und Spannbetontragwerken - DIN EN 1992:2011-01;
- Teil 1-1: Allgemeine Bemessungsregeln und Regeln für den Hochbau
- Teil 1-2: Tragwerksbemessung für den Brandfall
- Teil 2: Betonbrücken
- Teil 3: Silos und Behälterbauwerke aus Beton

[3] DIN EN 1992-1-1/NA/A1:2015-12, Nationaler Anhang – National festgelegte Parameter – Eurocode 2: Bemessung und Konstruktion von Stahlbeton- und Spannbetontragwerken – Teil 1-1: Allgemeine Bemessungsregeln und Regeln für den Hochbau; Änderung A1

[4] Bundesanstalt für Straßenwesen (Hrsg.): Zusätzliche Technische Vertragsbedingungen und Richtlinien für Ingenieurbauten, Teil 7 Brückenbeläge, Dortmund: Verkehrsblatt-Verlag, 2007
- Abschnitt 1: Brückenbeläge auf Beton mit einer Dichtungsschicht aus einer Bitumen-Schweißbahn
- Abschnitt 2: Brückenbeläge auf Beton mit einer Dichtungsschicht aus zweilagig aufgebrachten Bitumendichtungsbahnen
- Abschnitt 3: Brückenbeläge auf Beton mit einer Dichtungsschicht aus Flüssigkunststoff

[5] Deutscher Ausschuss für Stahlbeton im DIN e. V. (Hrsg.): DAfStb-Richtlinie — Schutz und Instandsetzung von Betonbauteilen (**Instandsetzungs-Richtlinie**); Berlin: Oktober 2001

[6] Deutscher Ausschuss für Stahlbeton im DIN e.V. (Hrsg.): Erläuterungen zu DIN 1045-1. In: DAfStb-Heft 525, Berlin: Beuth Verlag GmbH, 2010

[7] Deutscher Beton- und Bautechnik-Verein e. V. (Hrsg.): Merkblatt Parkhäuser und Tiefgaragen. Berlin: Selbstverlag, Januar 2005

[8] Herres, Michael/ Göker, Georg et. al.: BWA-Richtlinien für Bauwerksabdichtungen® (Technische Regeln für die Planung und Ausführung von Abdichtungen von Parkdecks, Hofkellerdecken und ähnlichen Konstruktionen, Bd. 3), Darmstadt: Otto Elsner Verlagsgesellschaft, 2010

[9] Sack, Wolf-Michael: BWA-Richtlinien für Bauwerksabdichtungen®. Grundwissen – Ausführung von Abdichtungen. Berlin: Beuth Verlag GmbH, 2016

[10] Dauberschmidt, C./Schubert, M./Eltschig, C./ Nechvatal, D./Rapolder, M./ Schedl, T.: Untersuchungen zu Herstellungs- und Instandhaltungskosten von unterschiedlichen Konzepten zur Sicherstellung der Dauerhaftigkeit von Parkbauten. Beton- und Stahlbetonbau 111 (2016), Nr. 9, S. 545-608

Autor

Georg Göker

Dipl.-Ing. (FH), Dipl.-Wirtsch.-Ing. (FH), ö.b.u.v. Sachverständiger für Flachdach- und Bauwerksabdichtung, Vorsitzender der Bundesfachabteilung Bauwerksabdichtung im Hauptverband der Deutschen Bauindustrie e. V., Stellv. Obmann im DIN-NA005-02-96AA – Abdichtung von befahrbaren Verkehrsflächen aus Beton (DIN 18532)

Dachabdichtung in der Praxis

Fördern die neuen Regelwerke die Planung und Ausführung?

Hans-Peter Sommer

Abstract: Seit Dezember 2016 gibt es eine neue Ausgabe der Fachregel für Abdichtung – die Flachdachrichtlinie – und im Juli 2017 wurde die DIN 18531 **Abdichtung von Dächern sowie von Balkonen, Loggien und Laubengängen** veröffentlicht. Hierdurch gibt es einige Widersprüche und Auslegungsfragen.

1 Zur Gefällefrage

In der Flachdachrichtlinie heißt es: »*Die Unterlage der Dachabdichtung soll für die Ableitung des Niederschlagswassers mit einem Gefälle von mindestens 2 % in der Fläche geplant werden*«. In begründeten Fällen dürfen gefällelose Flächen (Gefälle < 2 %) geplant werden.

Die DIN 18531 führt dazu aus: »*Die Abdichtung sollte, außer bei intensiv begrünten Dächern mit Anstaubewässerung, so geplant und ausgeführt werden, dass Niederschlagswasser nicht langanhaltend auf der Abdichtungsschicht stehen kann. Dazu sollte ein Mindestgefälle von 2 % geplant werden.*«

Im Gegensatz zur Flachdachrichtlinie hält die DIN 18531 an den Anwendungsklassen K1 (Standardausführung) und K2 (höherwertige Ausführung) fest. Daraus ergeben sich in Abhängigkeit von der Anwendungsklasse Anforderungen an das Gefälle.

Dächer der Anwendungsklasse K1 können auch ohne Gefälle geplant werden, wenn die Auswahl der Abdichtungsstoffe die Anforderungen der Anwendungsklasse K2 erfüllt. In der Anwendungsklasse K2 muss in der Fläche ein Gefälle von ≥ 2 % geplant werden. Das Verbot der gefällelosen Planung (< 2 %) ist in der Anwendungsklasse K2 von großer Bedeutung, z. B. für Dachterrassen. Da diese in der Regel mit einem Gefälle unter 2 % geplant werden, kann es sich nicht um eine höherwertige Ausführung handeln, was bei hochwertigen Nutzungseinheiten von Bedeutung sein kann.

Die Norm besagt also, dass Dächer auch gefällelos geplant werden können. Demgegenüber fehlt in der Flachdachrichtlinie eine Definition, dass ein Flachdach auch mit 0 % Gefälle geplant und ausgeführt werden darf.

Es stellt sich die Frage, was zukünftig allgemein anerkannte Regel der Technik (a.a.R.d.T.) sein wird.

1.1 Anmerkungen dazu

Eine Dachabdichtung muss grundsätzlich wasserdicht sein. Wasserdichtigkeit bedeutet nicht nur absolute Regensicherheit, sondern auch den Schutz des Bauwerks, wenn auf der Dachabdichtung längere Zeit Wasser stehen bleibt. Grundsätzlich sollte die Unterlage der Abdichtung für die Ableitung des Niederschlagwassers mit einem Gefälle in der Fläche geplant werden.

Von dieser bedingten planerischen Anforderung kann gemäß Flachdachrichtlinie in begründeten Fällen abgewichen werden.

Welche Fälle zählen dazu? Im Neubau kann ein Architekt doch alles planen, selbst bei Staffelgeschossen.

Eine Abweichung ist sicherlich bei Sanierungen von Bestandsgebäuden möglich oder gegebenenfalls bei reduzierten Anschlusshöhen an Türen.

Die Vermeidung von stehendem Wasser auf dem Flachdach ist nicht der Regelfall, sondern die Ausnahme: »*Das pfützenfreie Dach ist ein Sonderfall*«.

Mit der Zusicherung der Wasserdichtigkeit ist keine Gewähr verbunden, dass es nicht zu Pfützenbildung und/oder Schmutzablagerungen auf der Dachabdichtung kommt.

Eine Gefälledämmung wird z. B. in der Regel mit einem Gefälle von 2 % geplant. Damit kann aber in der Praxis keine absolute Pfützenfreiheit erreicht werden. Das tatsächliche Gefälle kann infolge von vorhandenen Toleranzen/Abweichungen vom planmäßigen Gefälle abweichen.

1.2 Zur Frage der Gefälledämmung

Grundsätzlich unterscheidet man zwei Ausbildungsformen mit einer Gefälledämmung. Eine Grundform der Flachdachentwässerung ist die sogenannte Punktentwässerung mit Kehl- und Gratplatten. Bei der Punktentwässerung durch eine Gefälledämmung ergibt sich eine Flachdachform mit einem vierseitigen Gefälle mit einer individuellen Wasserführung zu den einzelnen Dacheinläufen.
Zweite Grundform eines Gefälledaches ist die sogenannte Linienentwässerung. Dabei werden die in einer Linie liegenden Dacheinläufe durch eine Rinne miteinander verbunden. Die Rinne bildet dabei die dünnste Stelle der Gefälledämmung. Es empfiehlt sich sogenannte Dachreiter zwischen die Dachabläufe zu verlegen, um stehendes Wasser in der Rinne weitestgehend zu vermeiden. Wenn es die Flachdachkonstruktion ermöglicht, sollte man die Gefälledämmung entsprechend der Linienentwässerung ausbilden, da bei einer Verstopfung die intakten Wasserabläufe die Entwässerungsfunktion mit übernehmen können.
Gefälledämmplatten werden vorzugsweise hergestellt aus:

- Polystyrol-Hartschaum (EPS),
- Mineralschaum (Kalziumsilikathydrat),
- Mineralwolle (MW),
- Polyurethan-Hartschaum oder Polyisocyanat-Hartschaum (PUR oder PIR),
- Schaumglas (CG).

1.3 Entwässerung

Zum Kapitel Dachneigung gehört auch das Thema Entwässerung.
In der neuen Dachabdichtungsnorm und in der Flachdachrichtlinie heißt es praktisch gleichlautend, dass bei einer Innenentwässerung die Abläufe an den tiefsten Stellen der zu entwässernden Dachfläche vorzusehen sind.
Das funktioniert bei vielen Unterlagen aus Beton häufig schon nicht. Bei Trapezblechen, die oft auf den Bindern oder Abfangträgern liegen, geht das gar nicht, da die Abläufe ja nur seitlich der Binder oder Träger montiert werden können. Es kommt daher zwangläufig zu Wasserrückständen bzw. Pfützen in diesen Bereichen. Auf großen Industriedächern werden in vielen Fällen keine Quergefälle für Kehlen verbaut. Bei Durchbiegung von L 1/300 ergeben sich somit zwangsläufig Wasserrückstände.

Zur Entwässerung gehört auch die Frage, wie man mit sogenannten Retentionsdächern umgeht. In beiden technischen Regelwerken fehlen Aussagen dazu, wie man mit einem planmäßigen Wasseranstau oder mit dem planmäßigen Rückstau des Jahrhundertregens r5,100 umgeht. Dazu gehört eigentlich auch die Festlegung, dass dann kein Notablauf erforderlich ist.

2 Maßnahmen gegen Wasserunterläufigkeit

Maßnahmen, die die Unterläufigkeit der Abdichtung begrenzen, werden beispielhaft in der neuen Dachabdichtungsnorm aufgeführt:

- vollflächige Verklebung aller Schichten im Verbund mit einem massiven Untergrund,
- Aufteilung der Dachfläche in einzelne Felder mit regelmäßigen Abschottungen des Dämmstoffquerschnitts.

Die Flachdachrichtlinie sieht hierfür wesentlich weiter gehende Maßnahmen vor, die im Prinzip alle der ZTV-ING entlehnt sind und für befahrene Flächen zur Anwendung kommen können.
Eine abtragende Vorbehandlung des Betons und eine anschließende Versiegelung sind für normale Dächer zu aufwendig.
Nach Erfahrung des Verfassers können unterlaufsichere Abdichtungen auch mit Voranstrich und Aufbringen der ersten Abdichtungslage im Gießverfahren mit Elastomerbitumen erreicht werden. Gerade bei Umkehrdächern haben sich hierbei die sogenannten Verbundabdichtungen bewährt.

3 Wärmedämmung

Dämmstoffe für Flachdächer werden aufgrund unterschiedlicher Kriterien ausgewählt:

- geringe Wärmeleitfähigkeit,
- Baustoffklasse,
- Druckfestigkeit,
- Verarbeitbarkeit,
- Wiederverwertbarkeit,
- Kostenbilanz.

Wärmedämmstoffe müssen für den jeweiligen Einsatzzweck ausreichend druckbelastbar sein.
DIN 4108-10 ist für die Auswahl der Dämmstoffe hinsichtlich der Druckbelastungsklassen maßgebend.
Die Dachabdichtungsnorm sieht deshalb Wärmedämmstoffe aus Mineralwolle nur für nicht genutzte Dächer vor – während die Flachdachrichtlinie für

derartige Dämmstoffe nach DIN EN 13162 mit einer Mindestdruckspannung von 70 kPa den Einsatz bei Dächern mit Solaranlagen oder anderweitigen technischen Anlagen zulässt.

Überhaupt wird für Dämmstoffe aus Mineralwolle mehrfach der Einsatz von lastverteilenden Schichten gefordert/empfohlen. Dies wird in der Praxis kaum umgesetzt. Also müssten für den Transport auf der Baustelle (Trampelpfade) und für Wartungswege Mineralwolle-Dämmstoffe mit verdichteter Oberfläche (90 kPa) eingesetzt werden. Auch das wird in der Praxis kaum umgesetzt.

Ursache für das »Weichwerden«, den Abfall der Druckspannungswerte bei Mineralwolleplatten sind immer mechanische Beanspruchungen, die zu einer Verdichtung des Fasergerüsts oder zum Bruch der Fasern führen. Dieser Vorgang ist dann nicht reversibel.

Die Baustoffklasse gibt Auskunft über das Brandverhalten von Materialien.

Schaumkunststoffe waren bislang der Baustoffklasse B1/B2 nach DIN 4102 **Brandverhalten von Baustoffen und Bauteilen** zugeordnet. Mineralwolle und Schaumglas gehörten zur Baustoffklasse A.

Seit der Veröffentlichung in der Bauregelliste 2002/1 ist das europäische Klassifizierungssystem DIN EN 13501-1 für die Beurteilung des Brandverhaltens von Baustoffen, z. B. von Dämmstoffen, in das deutsche Baurecht eingeführt. Im Unterschied zur nationalen Klassifizierung nach DIN 4102 – Teil 1 beinhaltet die europäische Klassifizierungsnorm ein deutlich größeres Spektrum an Klassen und Kombinationen. Neben dem Brandverhalten werden auch Brandnebenerscheinungen, wie Rauchentwicklung (s1 bis s3) und brennendes Abtropfen (d0 bis d2) in Klassen eingeteilt.

Ein direkter Vergleich mit den bisherigen Baustoffklassen gemäß der DIN 4102 ist daher nicht ohne Weiteres möglich. Lediglich die nichtbrennbaren Dämmstoffe werden auch nach der europäischen Klassifizierung in die Klassen A1 und A2 eingeteilt

Die DIN 18531 legt fest, dass die Kantenlängen von Hartschaum-Dämmplatten im verklebten Aufbau nicht größer als 1,25 m sein dürfen. Die Flachdachrichtlinie formuliert grundsätzlich, dass die größte Seitenlänge von Hartschaumplatten maximal 1,25 m betragen darf. Das ist so nicht zu akzeptieren, da insbesondere bei Industriedächern großformatige PUR/PIR-Platten mit mechanischer Befestigung erfolgreich eingesetzt werden.

Bei Polystyrol-Dämmplatten (EPS) kann bei unzureichender Ablagerung Schrumpf auftreten. Dieser Schrumpf kann auch nach der Verlegung eintreten. Es ist deshalb die Verlegung von Platten mit Stufenfalz zu empfehlen.

4 Abdichtung

Die Dachabdichtung stellt die wichtigste Funktionsschicht des Flachdaches dar. Entscheidungshilfen für die Auswahl der Stoffe sind sehr schwierig zu geben. Bahnen für Dachabdichtungen müssen den Anforderungen der DIN SPEC 20000-2001, Ausgabe 2015-08 entsprechen.

Die Norm trägt den Titel **Anwendung von Bauprodukten in Bauwerken** – Teil 201: **Anwendungsnorm für Abdichtungsbahnen nach europäischen Produktnormen zur Verwendung bei Dachabdichtungen**.

Die Anwendungsnorm nimmt dabei Bezug auf die in den europäischen Produktnormen angegebenen Eigenschaften. Die Produktnormen sind:

- DIN EN 13707 **Abdichtungsbahnen – Bitumenbahnen mit Trägereinlage für Dachabdichtungen – Definitionen und Eigenschaften**
- DIN EN 13956 **Abdichtungsbahnen – Kunststoff- und Elastomerbahnen für Dachabdichtungen – Definitionen und Eigenschaften**

Für Dach- und Abdichtungsbahnen gibt es einen Grundsatz, wonach bahnenförmige Stoffe mit einer Verstärkung bzw. einer Trägereinlage auszurüsten sind. Dies gilt sowohl für Bitumenbahnen als auch für Kunststoffbahnen. Ausgenommen sind davon Elastomerbahnen, in erster Linie EPDM.

Bei **Bitumenbahnen** gibt es eine Vielzahl von unterschiedlichen Produkten als Dachdichtungsbahnen, Schweißbahnen oder kaltselbstklebenden Bahnen.

Als Trägereinlagen haben sich insbesondere Polyestervliese und Kombinationsträgereinlagen (KTG und KTP) bewährt.

Da die Bahnen mit Polyestervlieseinlage produktionsbedingt immer einem gewissen Schrumpf unterliegen, werden zunehmend Bahnen mit Kombinationsträgereinlagen eingesetzt, da diese Bahnen dimensionsstabiler sind. Während sich kaltselbstklebende Bitumenbahnen für die Verlegung als Oberlage nicht durchgesetzt haben, ist die Entwicklung der kaltselbstklebenden Polymerbitumenbahnen (KSP) als Unterlage bedenkenswert. Immer mehr Hersteller und Verarbeiter setzen die nach Norm und Flachdachrichtlinie zulässigen Bahnen mit einer Nenndicke von 2,8 mm ein.

Insbesondere für die Verlegung als erste Lage auf Polystyrol-Dämmplatten sind Selbstklebebahnen mit einer so geringen Dicke wenig geeignet.

Bei den dünnen Selbstklebebahnen ist eine Hitzezufuhr beim Aufbringen (Aufschweißen) der Oberlage in vielen Fällen schädigend. Bei großer Hitzezufuhr kann es zum Schmelzen der Oberfläche der EPS-Dämmung kommen.

Für **Kunststoff- und Elastomerbahnen** ist es technisch absolut zweckmäßig, diese mit innenliegender Verstärkung/Einlage auszurüsten. Gerade die im Jahr 2012 aufgetretenen »Shattering-Fälle« haben gezeigt, dass homogene Bahnen den bei tiefen Temperaturen auftretenden Kältekontraktionskräften nicht gewachsen waren.

Im Gegensatz zur Dachabdichtungsnorm DIN 18531 fordert die Flachdachrichtlinie, dass PVC-P und EVA-Bahnen ohne Einlage oder innenliegende Verstärkung nur verlegt werden dürfen, wenn die Bahnen einen schweren Oberflächenschutz erhalten oder wenn die Bahnen mit der Unterlage verklebt werden.

Bei Bahnen auf Basis PVC-P oder auch EVA werden verschiedene Weichmacher eingesetzt. Dies sind in der Regel Phthalate. Jeder Weichmacherverlust stellt eine Reduktion der Materialdicke bei bahnenförmigen Werkstoffen dar. Die entsprechenden Dichtungsbahnen versteifen, der E-Modul steigt an, das Material verhärtet.

Durch die Verhärtung und Schrumpfung der Dachbahnen können insbesondere bei tiefen Temperaturen durch den Spannungsaufbau Verformungen in den Nahtverbindungen bzw. an den Befestigungselementen der Bahnen entstehen.

Flüssig aufzubringende Dachabdichtungen sind seit 2008 in den Flachdachrichtlinien und seit 2010 in der DIN 18531 **Dachabdichtungen für nicht genutzte Dächer** geregelt. Flüssigabdichtungen gelten als einlagige Abdichtung. Als Standarddicke hat sich eine Mindestdicke von 2,1 mm durchgesetzt, obwohl die neue DIN 18531 für die Anwendungsklasse K1 auch eine Nenndicke von 1,8 mm zulässt, wenn die Dachneigung ≥ 2 % ist.

Flüssigabdichtungen sind mindestens zweischichtig mit Einlage auszuführen. Als Einlage werden Kunststoff-Faservliese, mind. 110 g/m² eingesetzt. Dabei müssen sich die einzelnen Bahnen der Einlage mindestens 50 mm überlappen.

Gehen Flüssigkunststoffe auf bahnenförmige Abdichtungen über, muss die Überlappungsbreite mindestens 100 mm betragen.

Die Verträglichkeit des Flüssigkunststoffs mit der bahnenförmigen Abdichtung sowie die dauerhafte wasserdichte Verbindung muss von den Herstellern geprüft und bestätigt werden.

Insbesondere die Vorbehandlung, das Primern von Anschlussflächen, spielt bei der Verbindung mit Abdichtungsbahnen eine große Rolle.

Es gibt vermehrt Berichte über Schadensfälle weil Dachdecker und Bauwerksabdichter, aber auch Planer meinen, dass sie mit einem Flüssigkunststoff ein Allheilmittel für eine nicht durchdachte Planung oder nicht fachgerechte Ausführung von Detailanschlüssen gefunden hätten.

Hinweise zu dieser Problematik gibt der Forschungsbericht des Aachener Instituts für Bauschadensforschung und angewandte Bauphysik vom November 2014 **Dauerhaftigkeit von Übergängen zwischen flüssigen und bahnenförmigen Abdichtungen am Beispiel genutzter und nicht genutzter Flachdächer**.

5 Zur Frage der Instandhaltung

In der Flachdachrichtlinie behandelt das Kapitel 5 das Thema Pflege und Wartung. In der neuen Dachabdichtungsnorm DIN 18531 geht es in Teil 4 um das Thema Instandhaltung.

Dazu gehören in beiden Regelwerken die Unterkapitel: Inspektion, Wartung und Instandsetzung.

Zur Erhaltung von Abdichtungen sind Pflege- und Wartungsmaßnahmen erforderlich. Die rechtzeitige Durchführung dieser Maßnahmen setzt eine regelmäßige Überprüfung der Abdichtung voraus. Dies kann im Rahmen einer Inspektion und Wartung nur von einem Fachkundigen durchgeführt werden.

Der Umfang der Maßnahme ist abhängig von der Alterungsbeständigkeit der Abdichtung, die im Wesentlichen durch deren Qualität und die Art des Oberflächenschutzes bestimmt wird.

Das Hauptziel von Instandsetzungen ist grundsätzlich die Wiederherstellung einer den anerkannten Regeln der Technik entsprechenden Abdichtung. Dabei kollidieren derartige Maßnahmen häufig mit den Forderungen der EnEV. Hier müssen Lösungen gefunden werden, um eine Erneuerung der Dachabdichtung auch ohne zusätzliche Dämmmaßnahmen durchführen zu können.

Darin liegt dann der große Vorteil von Dachabdichtungen mit Bitumenbahnen:

- eine teilflächige Reparatur ist praktisch immer möglich,
- eine ganzflächige Instandsetzung ist durch vollflächiges Aufkleben einer Polymerbitumenbahn immer möglich, wenn die Dachschichten ansonsten noch funktionsfähig sind.

Damit unterliegt man nicht den Forderungen der EnEV, weil es sich um keine Dacherneuerung handelt.

Literatur

- DIN 4108 Wärmeschutz und Energie-Einsparung in Gebäuden – Teil 10: Anwendungsbezogene Anforderungen an Wärmedämmstoffe - Werkmäßig hergestellte Wärmedämmstoffe (Ausgabe: 2015-12)

- DIN 4102 Brandverhalten von Baustoffen und Bauteilen – Teil 1: Baustoffe; Begriffe, Anforderungen und Prüfungen (Ausgabe 1998-05)
- DIN 18531 Abdichtung von Dächern sowie von Balkonen, Loggien und Laubengängen
  - Teil 1: Nicht genutzte und genutzte Dächer – Anforderungen, Planungs- und Ausführungsgrundsätze (Ausgabe: 2017-07)
  - Teil 2: Nicht genutzte und genutzte Dächer – Stoffe (Ausgabe: 2017-07)
  - Teil 3: Nicht genutzte und genutzte Dächer – Auswahl, Ausführung, Details (Ausgabe: 2017-07)
  - Teil 4: Nicht genutzte und genutzte Dächer – Instandhaltung (Ausgabe: 2017-07)
  - Teil 5: Balkone, Loggien und Laubengänge (Ausgabe: 2017-07)
- DIN 18532 Abdichtung von befahrbaren Verkehrsflächen aus Beton, Teile 1 bis 6 (Ausgabe: 2017-07)
- DIN 18533 Abdichtung von erdberührten Bauteilen, Teile 1bis 3 (Ausgabe: 2017-07)
- DIN EN 13162 Wärmedämmstoffe für Gebäude - Werkmäßig hergestellte Produkte aus Mineralwolle (MW) - Spezifikation; Deutsche Fassung EN 13162:2012+A1:2015 (Ausgabe: 2015-04)
- DIN EN 13707: Abdichtungsbahnen – Bitumenbahnen mit Trägereinlage für Dachabdichtungen – Definitionen und Eigenschaften
- DIN EN 13501 Klassifizierung von Bauprodukten und Bauarten zu ihrem Brandverhalten - Teil 1: Klassifizierung mit den Ergebnissen aus den Prüfungen zum Brandverhalten von Bauprodukten (Ausgabe: 2017-08)
- DIN EN 13956: Abdichtungsbahnen – Kunststoff- und Elastomerbahnen für Dachabdichtungen – Definitionen und Eigenschaften (Ausgabe 2013-03)
- Bundesanstalt für Straßenwesen: Zusätzliche Technische Vertragsbedingungen und Richtlinien für Ingenieurbauten, Teil 7 Brückenbeläge (Stand: 2001-03 und 2004-10)
- Oswald, R./Zöller, M./Abel, Ruth/Oswald, M.,/ Wilmes, K.: Dauerhaftigkeit von Übergängen zwischen flüssigen und bahnenförmigen Abdichtungen am Beispiel genutzter und nicht genutzter Flachdächer. Abschlussbericht 2014 am Aachener Institut für Bauschadensforschung und Angewandte Bauphysik gGmbH -AIBau-, Stuttgart: Fraunhofer IRB Verlag, 2015
- Zentralverband des Deutschen Dachdeckerhandwerks e.V. -ZVDH-, Fachverband Dach-, Wand- und Abdichtungstechnik e.V. (Hrsg.): Deutsches Dachdeckerhandwerk, Regeln für Abdichtungen mit Flachdachrichtlinie. Köln: Rudolf Müller Verlagsgesellschaft, Dezember 2016

Der Autor

Dipl.-Ing. Hans-Peter Sommer
Ingenieurbüro für Bauwerksabdichtung

- ö.b.u.v. Sachverständiger für Abdichtung u. Feuchtigkeitsschutz, Flachdächer
- Mitglied im gemeinsamen Flachdachausschuss des ZVDH u. des Hauptverbandes der Deutschen Bauindustrie
- Vorsitzender des Technischen Ausschusses in der Bundesfachabteilung Bauwerksabdichtung
- langjähriger Obmann der DIN 18195 **Bauwerksabdichtung** und der DIN 18336 **Abdichtungsarbeiten**
- Mitautor Lufsky »Bauwerksabdichtung« und Beck´scher VOB-Kommentar

»Allgemein anerkannte Regeln der Technik« und technische Regelwerke

Relevanz aus rechtlicher Sicht

von Vizepräsident des Landgerichts Dr. iur. Mark Seibel, Siegen/Wenden ©

Inhaltsübersicht

I. »Allgemein anerkannte Regeln der Technik« und technische Regelwerke – Relevanz aus rechtlicher Sicht

1. Einleitung

Die folgenden Ausführungen behandeln eine der grundlegendsten – zeitlos aktuellen – Fragen des privaten Baurechts: *Wann ist eine Bauleistung mangelhaft?*

Dass diese Problematik insbesondere im privaten Bauprozess eine wichtige Rolle spielt, braucht nicht näher erläutert zu werden. Der Referent kann aus eigener Erfahrung bestätigen, dass bei der Beantwortung dieser Frage vielfach große Unsicherheiten bei allen Beteiligten bestehen – seien es Richter, Rechtsanwälte, Vertreter von Bauunternehmen oder Bauherren. Dies hängt vor allem damit zusammen, dass eine bauvertragliche Leistung ihrer Natur nach technischen Charakter hat. Das ist auch der Grund dafür, warum in diesem Zusammenhang technische Standards und technische Normen (DIN-Normen etc.) relevant werden. Der Rechtscharakter und die Wirkungsweise solcher technischen Regeln werden jedoch häufig missverstanden.[1]

1 Siehe zu technischen Standards und technischen Normen auch folgende Veröffentlichungen des Referenten: *Seibel*, Der Stand der Technik im Umweltrecht (Diss., Hamburg 2003); *Seibel*, Baumängel und anerkannte Regeln der Technik (1. Aufl., München 2009), Rdnr. 10 ff.; *Seibel*, in: *Staudt/Seibel*, Handbuch für den Bausachverständigen (3. Aufl., Köln/Stuttgart 2014), S. 197 ff. (14. Kap.); *Seibel*, in: *Nicklisch/Weick/Jansen/Seibel*, Kommentar zur VOB/B (4. Aufl., München 2016), § 13 Rdnr. 26 ff.

Im Folgenden wird dargestellt, welche Leistung der Auftragnehmer aufgrund des mit dem Auftraggeber geschlossenen Werkvertrages/Bauvertrages schuldet bzw. welche Leistung der Auftraggeber nach dem Inhalt des Vertrages redlicherweise erwarten kann. Dabei wird schnell klar, dass technische Standards zu beachten sind – die »allgemein anerkannten Regeln der (Bau-)Technik« dienen als Mindeststandard eines Bauvertrages. Insofern ist fraglich, wie der Inhalt der »allgemein anerkannten Regeln der Technik« zu bestimmen ist. An dieser Stelle wird oft pauschal darauf hingewiesen, dieser Standard werde durch technische Normen (DIN-Normen etc.) ausgefüllt. Im Folgenden wird untersucht, ob das zutrifft. Die Darstellung beschränkt sich dabei nicht nur auf dogmatische Ausführungen, sondern verdeutlicht anhand von ausgewählten Beispielen aus der höchst- und obergerichtlichen Rechtsprechung das Zusammenspiel zwischen der Beurteilung der Qualität einer Bauleistung und technischen Normen.

2. Die Leistungspflicht des Bauunternehmers

a) Die nach dem Vertrag geschuldete Leistung

Um zu beantworten, ob eine mangelhafte Bauleistung vorliegt, muss zunächst geklärt werden, welche Leistung der Bauunternehmer nach dem vereinbarten Vertragsinhalt zu erbringen hat. Ob ein Gewerk mangelfrei ist, richtet sich – sofern zwischen den Vertragsparteien nichts anderes vereinbart wurde – nach dem Leitbild der §§ 631 ff. BGB (BGB-Vertrag) bzw. § 13 Abs. 1 VOB/B (VOB-Vertrag).[2] Die vorgenannte Einschränkung folgt aus dem Umstand, dass die Vertragsparteien aufgrund der ihnen zustehenden Privatautonomie ohne Weiteres über dem Norminhalt liegende Anforderungen vertraglich vereinbaren können. Im Rahmen der nun folgenden Untersuchung sollen allein die Sachmangelkriterien von Interesse sein.

Zunächst hat der Werkunternehmer nach § 633 Abs. 2 BGB dafür einzustehen, dass sein Gewerk die *vertraglich vereinbarte Beschaffenheit* aufweist (§ 633 Abs. 2 Satz 1 BGB – ***1. Sachmangelvariante***).

Soweit eine Beschaffenheit vertraglich nicht vereinbart wurde, muss sich das Gewerk für die *nach dem Vertrag vorausgesetzte Verwendung* eignen (§ 633 Abs. 2 Satz 2 Nr. 1 BGB – ***2. Sachmangelvariante***),

ansonsten für die *gewöhnliche Verwendung* eignen und eine *Beschaffenheit* aufweisen, die bei Werken der gleichen Art *üblich* ist und die der Besteller nach der Art der Leistung erwarten kann (§ 633 Abs. 2 Satz 2 Nr. 2 BGB – ***3. Sachmangelvariante***).

Weiterhin muss die Werkleistung – auch wenn dies im Unterschied zu § 13 Abs. 1 Satz 2 VOB/B nicht ausdrücklich im Wortlaut von § 633 Abs. 2 BGB erwähnt wird – auf allen vorgenannten Stufen zumindest auch den ***»allgemein anerkannten Regeln der Technik«*** (stillschweigend vereinbarter **Mindeststandard**[3]) entsprechen.[4]

Der Wortlaut von § 633 Abs. 2 BGB ist vom Gesetzgeber »unglücklich« formuliert worden. Nach § 633 Abs. 2 Satz 1 BGB liegt zunächst dann ein Sachmangel vor, wenn das Werk nicht die *vertraglich vereinbarte Beschaffenheit* einhält (§ 633 Abs. 2 Satz 1 BGB). § 633 Abs. 2 Satz 2 BGB betrifft nach seinem Wortlaut hingegen nur diejenigen Sachmangelfälle, in denen eine vertragliche Vereinbarung über die Beschaffenheit des Werkes zwischen den Parteien nicht getroffen wurde. In dem zuletzt genannten Bereich unterscheidet das Gesetz noch danach, ob sich das Werk für die *nach dem Vertrag vorausgesetzte Verwendung* (§ 633 Abs. 2 Satz 2 Nr. 1 BGB) oder – wenn eine solche fehlt – für die *gewöhnliche Verwendung* (§ 633 Abs. 2 Satz 2 Nr. 2 BGB) eignet. Nur im Falle der gewöhnlichen Verwendungseignung soll das Werk zudem noch der *üblichen Beschaffenheit* entsprechen, die der Besteller nach der Art des Werkes erwarten kann.

Intention der Neufassung von § 633 BGB durch das Schuldrechtsmodernisierungsgesetz war die Anpassung an Art. 2 der europäischen Verbrauchsgüterkaufrichtlinie. Dadurch sollte im Kauf- und Werkvertragsrecht ein einheitlicher Sachmangelbegriff eingeführt werden. Aus den Erwägungsgründen zur Verbrauchsgüterkaufrichtlinie geht hervor, dass die dort genannten Sachmangelvarianten *kumulativ*

2 Ausführlich zu den einzelnen Sachmangelkriterien: *Kniffka*, in: *Kniffka*, Bauvertragsrecht (2. Aufl., München 2016), § 633 Rdnr. 2 ff.; *Kniffka*, in: *Kniffka/Koeble*, Kompendium des Baurechts (4. Aufl., München 2014), 6. Teil Rdnr. 15 ff.; *Seibel*, Baumängel und anerkannte Regeln der Technik, Rdnr. 82 ff.; *Seibel*, ZfBR 2009, 107 ff.

3 Dazu: BGH – VII ZR 55/13, IBR 2014, 553; BGH – VII ZR 209/11, BauR 2013, 624 Rdnr. 23; *Seibel*, Baumängel und anerkannte Regeln der Technik, Rdnr. 96 ff. m.w.N.

4 *Leupertz/Halfmeier*, in: *Prütting/Wegen/Weinreich*, Kommentar zum BGB (12. Aufl., Köln 2017), § 633 Rdnr. 23.

gelten sollen.[5] Das bedeutet, dass die Elemente der Beschaffenheit und des Verwendungszwecks nach der Richtlinie grundsätzlich nebeneinander gelten und sich keinesfalls gegenseitig ausschließen. Diese Anforderungen finden sich im Wortlaut von § 633 Abs. 2 BGB nicht wieder. Das Gesetz scheint vielmehr ausdrücklich zwischen der Beschaffenheit und dem Verwendungszweck im Sinne eines Alternativverhältnisses differenzieren zu wollen.

Würde man strikt nach dem Wortlaut von § 633 Abs. 2 BGB vorgehen, so hätte dies beispielsweise zur Folge, dass ein Gewerk schon dann mangelfrei wäre, wenn allein die vertraglich vereinbarte Beschaffenheit – u. a. die Ausführungsvorgabe – eingehalten würde. Nach dem Wortlaut von § 633 Abs. 2 Satz 2 BGB (»*Soweit* die Beschaffenheit nicht vereinbart ist, ...«) käme es in diesem Fall überhaupt nicht mehr auf die Verwendungseignung – weder die vertraglich vorausgesetzte noch die gewöhnliche – an.

Dass dies nicht richtig sein kann, ergibt sich schon daraus, dass der Werkunternehmer dem Besteller gegenüber vor allem für den mit dem Gewerk bezweckten *funktionalen Werkerfolg* einzustehen hat. Die Werkleistungspflicht ist stets erfolgsbezogen zu betrachten.[6]

Dies wird umso deutlicher, wenn man sich folgendes **Beispiel** vergegenwärtigt:

> *Der Besteller schließt mit dem Unternehmer einen Vertrag über die Errichtung des Daches einer Lager- und Produktionshalle. Nach Fertigstellung der Arbeiten zeigt sich, dass das Dach nicht regendicht ist.*
>
> *Es ist nicht zweifelhaft, dass das Dach im Ergebnis regendicht sein muss, um mangelfrei zu sein.*[7] *Nach der Rechtsprechung des BGH entspricht dies der von den Vertragsparteien (jedenfalls stillschweigend) vereinbarten Funktionstauglichkeit der Werkleistung (= Unterfall der vertraglich vereinbarten Beschaffenheit).*

Wollte man § 633 Abs. 2 BGB auf diesen Fall allein nach seinem Wortlaut anwenden, müsste eine Mangelhaftigkeit des Daches schon deswegen ausscheiden, weil die vertraglich vereinbarte Beschaffenheit (Ausführungsvorgabe) von dem Unternehmer eingehalten worden ist. Es ist offenkundig, dass dieses Ergebnis nicht überzeugen kann. In dem Leistungsverzeichnis waren zwar konkrete Ausführungsvorgaben enthalten. Zugrunde lag jedoch immer die Vorstellung, dass sich das Dach später für die nach dem Vertrag (stillschweigend) vorausgesetzte – wenigstens aber die gewöhnliche – Verwendung eignet und einer üblichen Beschaffenheit entspricht. Dies ist nur dann der Fall, wenn es auch dicht ist (»funktionaler Werkerfolg«). Eine andere Auslegung würde den Willen der Parteien – insbesondere des Bestellers – in einem ganz wesentlichen Punkt unberücksichtigt lassen.[8]

Das dargestellte Beispiel zeigt, dass die **Sachmangelkriterien in § 633 Abs. 2 BGB** nicht alternativ, sondern ***kumulativ angewandt werden müssen***. § 633 Abs. 2 BGB ist daher – entgegen seines missverständlichen Wortlauts – im Hinblick auf die Verbrauchsgüterkaufrichtlinie richtlinienkonform (kumulative Geltung der Sachmangelkriterien) auszulegen, um zu sachgerechten Ergebnissen zu gelangen.[9]

Zurück zu den »**allgemein anerkannten Regeln der Technik**«:

Vor allem innerhalb der gewöhnlichen Verwendungseignung sind die »allgemein anerkannten Regeln der Technik« von erheblicher Bedeutung.[10] Dieser Standard ist nämlich in der Regel vom Bauunternehmer einzuhalten, soweit dadurch die geschuldete Gebrauchstauglichkeit gewährleistet wird.[11] Damit wird deutlich, dass der für die Bestimmung der Mangelhaftigkeit maßgebliche (Mindest-)Standard die »allgemein anerkannten Regeln der Technik« sind. Dies wird für den *VOB-Werkvertrag* ausdrücklich in § 4 Abs. 2 Nr. 1 Satz 2 VOB/B sowie in § 13 Abs. 1 Satz 2 VOB/B geregelt. Das gilt aber ebenso für den *BGB-Werkvertrag*. Nach ständiger Rechtsprechung des BGH sichert der Bauunternehmer beim Vertragsschluss nämlich stillschweigend zumindest das Einhalten der »all-

5 Dazu: *Kniffka*, in: *Kniffka*, Bauvertragsrecht, § 633 Rdnr. 3; Thode, NZBau 2002, 297 ff.

6 Ebenso: *Leupertz/Halfmeier*, in: *Prütting/Wegen/Weinreich*, BGB, § 633 Rdnr. 21.

7 Ein Dach muss grundsätzlich (auch bei Wind) regendicht sein; vgl. BGH – VII ZR 403/98, NJW-RR 2000, 465 f. = IBR 2000, 65.

8 *Kniffka*, in: *Kniffka*, Bauvertragsrecht, § 633 Rdnr. 10.

9 *Leupertz/Halfmeier*, in: *Prütting/Wegen/Weinreich*, BGB, § 633 Rdnr. 21; *Pastor*, in: *Werner/Pastor*, Der Bauprozess (15. Aufl., Köln 2015), Rdnr. 1964.

10 Vgl. auch: BGH – VII ZR 184/97, BauR 1998, 872 (873).

11 Dazu: BGH – X ZR 242/99, NJW-RR 2002, 1533 (1534); BGH – VII ZR 115/97, BauR 2000, 261 (262); *Kniffka*, in: *Kniffka/Koeble*, Kompendium des Baurechts, 6. Teil Rdnr. 35; *Pastor*, in: *Werner/Pastor*, Der Bauprozess, Rdnr. 1964.

gemein anerkannten Regeln der (Bau-)Technik« zu.[12] Dieser vom BGH aufgestellte Grundsatz folgt letztlich aus der Überlegung, dass der Bauunternehmer eine besondere Fachkunde in seinem Tätigkeitsbereich besitzt, auf die der Bauherr vertrauen kann und darf. Aufgrund dieser (stillschweigend) zugrunde gelegten Kenntnis des Bauunternehmers hat der Bauherr (zumindest) einen Anspruch auf Beachtung der in der Baupraxis bekannten und bewährten Vorgehensweisen – also der »allgemein anerkannten Regeln der Technik«. Diesen Standard hat der Bauunternehmer nach höchstrichterlicher Rechtsprechung *zum Zeitpunkt der Abnahme* einzuhalten (maßgeblicher Beurteilungszeitpunkt).[13]

Dass die »allgemein anerkannten Regeln der Technik« erst nach der Überprüfung der vertraglich vereinbarten Beschaffenheit zu beachten sind, ergibt sich auch daraus, dass die Parteien im Rahmen einer solchen Vereinbarung qualitativ höherwertige Anforderungen als diejenigen der »allgemein anerkannten Regen der Technik« zugrunde legen können.[14] So können sie etwa die Geltung des (höherwertigen) »Standes der Technik« vereinbaren. Sollte dies der Fall sein, ist verständlich, dass selbst beim Erfüllen der »allgemein anerkannten Regeln der Technik« ein Mangel vorliegt, da dann die erhöhten vertraglichen Anforderungen nicht eingehalten werden.

Die Frage, welche Leistung vom Bauunternehmer zu erbringen ist, kann sowohl für den VOB-Werkvertrag als auch für den BGB-Werkvertrag wie folgt zusammengefasst werden:

Der Bauunternehmer hat primär die vertraglich vereinbarte Beschaffenheit – einschließlich der vereinbarten Funktionstauglichkeit – einzuhalten. Sollte sein Gewerk in technischer Hinsicht mangelfrei sein, jedoch nicht dem Vertragsinhalt entsprechen, liegt gleichwohl ein Mangel vor. Insofern kommt es auf die »allgemein anerkannten Regeln der Technik« (noch) nicht an.

Beispiel:
*Die Ausführung einer Parkhausdecke in einer geringeren als der vertraglich vereinbarten Betongüte (Güteklasse **C 20/25** [alte Bezeichnung: B 25] **statt C 30/37** [alte Bezeichnung: B 35]) reicht für die geplanten Nutzlastfälle (noch) aus. Bei Verwendung der vertraglich vereinbarten Betonqualität (C 30/37) wäre aber eine noch höhere Tragfähigkeit, Haltbarkeit und Nutzungsdauer erreicht worden.[15] Auch wenn mit der tatsächlichen Bauausführung die statischen Anforderungen nach den »allgemein anerkannten Regeln der Technik« (noch) eingehalten worden sind, folgt ein Mangel bereits daraus, dass der Bauherr einen Anspruch auf eine höherwertigere Ausführung hatte, die nicht eingehalten wurde. Die »Ist-Beschaffenheit« weicht im Beispielsfall also negativ von der vertraglich vereinbarten »Soll-Beschaffenheit« ab.*

Sollte eine Beschaffenheit vertraglich nicht speziell vereinbart worden sein, ist zu prüfen, ob sich die Bauleistung für die nach dem Vertrag vorausgesetzte bzw. die gewöhnliche Verwendung eignet und ob insofern die »allgemein anerkannten Regeln der Technik« eingehalten werden.

b) Die »allgemein anerkannten Regeln der (Bau-)Technik«

aa) Inhaltsbestimmung

Es fragt sich, welchen Inhalt die im Rahmen dieses Vortrages schon mehrfach angesprochenen »allgemein anerkannten Regeln der Technik« haben.

In diesem Zusammenhang kann auf die Rechtsprechung des Reichsgerichts zu den »allgemein anerkannten Regeln der Baukunst« gemäß § 330 StGB a.F. (jetzt: § 319 StGB n.F. – »allgemein anerkannte Regeln der Technik«) zurückgegriffen werden. Nach den Ausführungen des Reichsgerichts ist eine Regel dann allgemein anerkannt, wenn sie die ganz vorherrschende Ansicht der (technischen) Fachleute darstellt.[16] Ausgehend davon setzt eine »allgemein anerkannte Regel der Technik« damit zunächst voraus, dass sie sich in der Wissenschaft als (theoretisch) richtig durchgesetzt hat (*allgemeine wissenschaftliche Anerkennung*). Dabei genügt es aber nicht, dass eine Regel im Fachschrifttum vertreten oder an Universitäten gelehrt wird. Sie muss auch

12 BGH – VII ZR 184/97, BauR 1998, 872 (873). Siehe auch: *Kniffka*, in: *Kniffka/Koeble*, Kompendium des Baurechts, 6. Teil Rdnr. 35.

13 Vgl.: BGH – VII ZR 184/97, BauR 1998, 872. Beachte zudem: § 13 Abs. 1 Satz 1 und Satz 2 VOB/B. Ausführlich zur (früher sehr streitigen) Frage des maßgeblichen Beurteilungszeitpunktes: *Pastor*, in: *Werner/Pastor*, Der Bauprozess, Rdnr. 1975 m.w.N. auch aus der obergerichtlichen Rechtsprechung.

14 Siehe zur Vereinbarung von über den »allgemein anerkannten Regeln der Technik« liegenden Anforderungen: OLG Frankfurt – 4 U 120/04, BauR 2005, 1327 ff.; OLG Stuttgart – 3 U 185/03, BauR 2005, 769.

15 Zu diesem Beispiel: BGH – VII ZR 181/00, BauR 2003, 533 ff.

16 RG – IV 644/10, RGSt 44, 75 (79).

Eingang in die Praxis gefunden und sich dort überwiegend bewährt haben (*praktische Bewährung*).[17]

Insgesamt lassen sich die »allgemein anerkannten Regeln der (Bau-)Technik« wie folgt definieren:

> *Eine technische Regel ist dann allgemein anerkannt, wenn sie der Richtigkeitsüberzeugung der vorherrschenden Ansicht der technischen Fachleute entspricht (1. Element: **allgemeine wissenschaftliche Anerkennung**) und darüber hinaus auch in der (Bau-)Praxis erprobt und bewährt ist (2. Element: **praktische Bewährung**).*[18]

An dieser Stelle ist darauf hinzuweisen, dass der Normgeber, wenn er von den »**anerkannten Regeln der Technik**« spricht, verkürzt auf die »allgemein anerkannten Regeln der Technik« Bezug nimmt. Inhaltlich lässt sich zwischen diesen Begriffen keinerlei Unterschied feststellen.[19] Das zeigt schon allein die historische Herleitung dieses Technikstandards ganz deutlich.[20] In technikrechtlicher Hinsicht müsste der Gesetzgeber daher richtigerweise immer von den »allgemein anerkannten Regeln der Technik« sprechen, weshalb die Verwendung des Begriffs »anerkannte Regeln der Technik« (z. B. in § 4 Abs. 2 VOB/B, § 13 Abs. 1 VOB/B) unpräzise ist.

Von den »allgemein anerkannten Regeln der Technik« unterscheidet sich der »**Stand der Technik**« hingegen grundlegend. Ohne das an dieser Stelle näher vertiefen zu können – dies würde den Umfang dieses Vortrages sprengen –, sei darauf hingewiesen, dass der »Stand der Technik« den Maßstab an die Front der technischen Entwicklung verlagert und insofern – unter Verzicht auf das Kriterium der allgemeinen Anerkennung – eine im Vergleich zu den »allgemein anerkannten Regeln der Technik« gesteigerte Dynamik vermittelt.[21] Daher kann verkürzt zusammengefasst werden, dass der »Stand der Technik« auf einer höheren Stufe – gerade was die Aktualität technischer Neuerungen angeht – steht. Eine allgemeine Anerkennung im Sinne einer vorherrschenden Mehrheitsauffassung setzt sich demgegenüber langsamer durch. Beide Standards sind damit strikt voneinander zu trennen.[22]

Es soll nicht verschwiegen werden, dass der »**Stand von Wissenschaft und Technik**« nach absolut h.M. (»3-Stufen-Theorie«) der dynamischste Standard ist. Dieser Standard, der vor allem im Atomrecht (z. B. § 7 Abs. 2 Nr. 3 AtomG) Verwendung findet, wird für den privaten Bauvertrag jedoch kaum praktisch relevant.[23]

bb) Konkretisierung der »allgemein anerkannten Regeln der Technik« durch technische Regelwerke (DIN-Normen etc.)

Die vorstehende Definition der »allgemein anerkannten Regeln der Technik« hilft allein nicht wesentlich weiter:

> *Wie soll man die bei den Fachleuten vorherrschende Ansicht und die praktisch erprobten technischen Regeln konkret bestimmen?*

Zu klären ist, wie dieser Standard konkretisiert und damit für den Einzelfall handhabbar gemacht werden kann. Am einfachsten lässt sich eine solche Konkretisierung dadurch erreichen, dass man auf technische Regelwerke abstellt, die für das jeweils betroffene Gewerk Anforderungen in Form von Wertangaben enthalten. Solche Angaben finden sich in vielen technischen Regelwerken (etwa DIN-Normen). Es stellt sich die Frage, in welcher Beziehung technische Normen zu den »allgemein anerkannten Regeln der Technik« stehen. Insofern wird vielfach darauf hingewiesen, dass die »allgemein anerkannten Regeln der Technik« alle überbetrieblichen technischen Normen umfassen.[24] Solche Normen sind insbesondere:

---

17 Näher zum Inhalt der »allgemein anerkannten Regeln der Technik«: *Seibel*, in: *Nicklisch/Weick/Jansen/Seibel*, VOB/B, § 13 Rdnr. 26 ff.; *Seibel*, Baumängel und anerkannte Regeln der Technik, Rdnr. 20 ff.; *Seibel*, in: *Staudt/Seibel*, Handbuch für den Bausachverständigen, S. 197 ff. (14. Kap.).

18 Siehe auch: OLG Hamm – 17 U 112/95, BauR 1997, 309 ff.

19 Ebenso nach ausführlicher Analyse: *Marburger*, Die Regeln der Technik im Recht (Köln 1979), S. 146. Die Auffassung von *Weyer*, IBR 2008, 381 (Praxishinweis), der glaubt, es gebe keine allgemeine Anerkennung, ist daher unzutreffend. Vertiefung: *Seibel*, ZfBR 2008, 635 ff. m.w.N.

20 Ausführlich: *Seibel*, ZfBR 2008, 635 ff.

21 Näher zum »Stand der Technik«: *Seibel*, Der Stand der Technik im Umweltrecht, S. 31 ff.; *Seibel*, Baumängel und anerkannte Regeln der Technik, Rdnr. 14 ff.

22 Weitere Einzelheiten: *Seibel*, Baumängel und anerkannte Regeln der Technik, Rdnr. 26; *Seibel*, NJW 2013, 3000 ff.

23 Näher zum »Stand von Wissenschaft und Technik«: *Seibel*, Baumängel und anerkannte Regeln der Technik, Rdnr. 27 ff.

24 Allgemein hierzu: *Kniffka*, in: *Kniffka/Koeble*, Kompendium des Baurechts, 6. Teil Rdnr. 32; *Pastor*, in: *Werner/Pastor*, Der Bauprozess, Rdnr. 1967.

- ***DIN-Normen*** (Deutsches Institut für Normung e. V.),
- ***ETB*** (einheitliche technische Baubestimmungen des Instituts für Bautechnik),
- ***VDI-Richtlinien*** (Verein Deutscher Ingenieure),
- ***VDE-Vorschriften*** (Verband Deutscher Elektrotechniker),
- ***Flachdachrichtlinie***,
- ***mündlich überlieferte technische Regeln***,[25]
- evtl. auch ***Herstellervorschriften/-richtlinien***.[26]

Einer solchen Aussage kann nicht bedingungslos zugestimmt werden, da eine differenzierte Betrachtung angezeigt ist. Es ist nämlich zu bedenken, dass das Einhalten der Werte der soeben dargestellten technischen Normen nicht zwangsläufig dazu führt, dass auch die »allgemein anerkannten Regeln der Technik« erfüllt werden.

An dieser Stelle muss man sich zunächst den *Rechtscharakter* solcher überbetrieblichen technischen Normen verdeutlichen. **DIN-Normen** sind keine Rechtsnormen, sondern ***private technische Regelungen mit Empfehlungscharakter***. Technischen Normen kann somit keine zwingende »Bindungswirkung« im Hinblick auf die Konkretisierung der »allgemein anerkannten Regeln der Technik« zukommen. Solche Normen können die »allgemein anerkannten Regeln der Technik« wiedergeben, jedoch auch hinter diesen zurückbleiben.[27]

Weiterhin ist vor allem das ***Alter solcher Normen*** zu beachten: Sind technische Normen seit langer Zeit unverändert geblieben, stellt sich die Frage, ob diese überhaupt noch die *derzeit* vorherrschende Ansicht der Fachleute wiedergeben. Sollten sie veraltet sein, scheidet eine Konkretisierung der »allgemein anerkannten Regeln der Technik« aus. Dies wird umso deutlicher, wenn man sich vergegenwärtigt, dass die Anerkennung technischer Regeln nicht etwas einmal und für alle Zeit Festgeschriebenes darstellt. Die Anerkennung von technischen Regeln ändert sich im Laufe der Zeit und unterliegt einem ständigen Wandel. Allein mit dem Einhalten der Werte in DIN-Normen etc. kann somit nicht sicher festgestellt werden, dass auch zwangsläufig die derzeit »allgemein anerkannten Regeln der Technik« beachtet werden.

25 Zu den Möglichkeiten der Ermittlung nicht schriftlich festgelegter »allgemein anerkannter Regeln der Technik«: *Seibel*, BauR 2014, 909 ff.

26 Zur Bedeutung von Herstellervorschriften/-richtlinien: *Seibel*, BauR 2012, 1025 ff. mit vielen Beispielen.

27 Siehe z. B.: BGH – VII ZR 184/97, BauR 1998, 872.

Dieser Aspekt macht die Sache vor allem für den Bauunternehmer sehr aufwendig: Er muss sich mit den jeweiligen Regeln der Bautechnik in allgemeiner Hinsicht und in seinem Fachgebiet genau vertraut machen, um sicher zu gehen, dass seine Bauausführung mangelfrei ist. Sollten die einschlägigen DIN-Normen etc. aktuell sein und die dort angegebenen Verarbeitungsmethoden bzw. sonstigen Empfehlungen der überwiegenden Auffassung der Fachleute entsprechen, reicht deren Einhalten aus. Anderenfalls muss die Bauleistung abweichend davon ausgeführt werden.

Wenn der Bauunternehmer dies nicht hinreichend beachtet und sein Gewerk so ausführt, wie er es evtl. schon seit langer Zeit – vielleicht sogar ohne Beschwerden seiner Auftraggeber – macht, läuft er Gefahr, sich in einem Bauprozess darüber »belehren« lassen zu müssen, dass die von ihm erbrachte Bauleistung trotzdem mangelhaft ist, weil die überwiegende Ansicht der Fachleute mittlerweile anders vorgeht. Der in der Praxis vielfach anzutreffenden »***DIN-Gläubigkeit***« der Baubeteiligten ist damit eine klare Absage zu erteilen.[28]

Ungeachtet dessen sind überbetriebliche technische Normen für die Konkretisierung der »allgemein anerkannten Regeln der Technik« dennoch von besonderer Relevanz:

> *Es besteht eine **widerlegbare Vermutung** dafür, dass kodifizierte technische Normen (DIN-Normen etc.) die »allgemein anerkannten Regeln der Technik« wiedergeben.[29] Das folgt schon daraus, dass diese Regeln zumeist aufgrund der vorherrschenden Ansicht der technischen Fachleute erstellt worden sind.[30] Diese Vermutung ist jedoch widerlegbar. Eine DIN-Norm kann dann keine Geltung (mehr) beanspruchen, wenn z. B. Anhaltspunkte dafür bestehen, dass sie veraltet ist.*

Umgekehrt kann überbetrieblichen technischen Normen im Hinblick auf die Konkretisierung der »allgemein anerkannten Regeln der Technik« jedenfalls eine *Negativwirkung* attestiert werden:

28 Ausführlich dazu: *Seibel*, Der Bausachverständige 6/2008, 59 ff.; *Seibel*, Der Bausachverständige 1/2010, 58 ff. – jeweils m.w.N.

29 *Kniffka*, in: *Kniffka/Koeble*, Kompendium des Baurechts, 6. Teil Rdnr. 32 a.E.
Ausführlich zu dieser Vermutungswirkung und deren Folgen für die Beweislast: *Pastor*, in: *Werner/Pastor*, Der Bauprozess, Rdnr. 1969.

30 Siehe: *Seibel*, Der Stand der Technik im Umweltrecht, S. 155 f.

Werden die nach DIN-Normen etc. maßgeblichen Werte nicht eingehalten, wird (regelmäßig) ein Verstoß gegen die »allgemein anerkannten Regeln der Technik« anzunehmen sein. Dies gilt vor allem dann, wenn die DIN-Norm bereits älteren Datums ist.

Nur wenn man die vorstehenden Ausführungen berücksichtigt, wird deutlich, warum der BGH z. B. in seinem Urteil vom 14.05.1998[31] folgende Leitsätze formuliert hat:

»Welcher Luftschallschutz geschuldet ist, ist durch Auslegung des Vertrages zu ermitteln. Sind danach bestimmte Schalldämm-Maße ausdrücklich vereinbart oder jedenfalls mit der vertraglich geschuldeten Ausführung zu erreichen, ist die Werkleistung mangelhaft, wenn diese Werte nicht erreicht sind.

Liegt eine derartige Vereinbarung nicht vor, ist die Werkleistung im allgemeinen mangelhaft, wenn sie nicht den zur Zeit der Abnahme anerkannten Regeln der Technik als vertraglichem Mindeststandard entspricht.

Die DIN-Normen sind keine Rechtsnormen, sondern private technische Regelungen mit Empfehlungscharakter. Sie können die anerkannten Regeln der Technik wiedergeben oder hinter diesen zurückbleiben."

Bei der Prüfung, ob technische Normen den »allgemein anerkannten Regeln der Technik« entsprechen, empfiehlt sich folgende ***vierstufige Prüfungsreihenfolge***:[32]

I. Zunächst muss die DIN-Norm etc. überhaupt für den betreffenden technischen Bereich einschlägig sein (Geltungsbereich und Schutzzweck der Norm).
II. Weiterhin ist zu prüfen, ob die DIN-Norm etc. den betreffenden technischen Bereich abschließend, d. h. lückenlos und vollständig, erfassen will. Eine Konkretisierungswirkung scheidet aus, wenn die DIN-Norm etc. hinsichtlich des einschlägigen technischen Sachverhalts Regelungslücken aufweist.
III. Sind die ersten beiden Punkte geklärt, muss sich die DIN-Norm etc. am Inhalt der »allgemein anerkannten Regeln der Technik« messen lassen.
IV. Schließlich dürfen die in der DIN-Norm etc. enthaltenen und ursprünglich einmal den »allgemein anerkannten Regeln der Technik« entsprechenden Anforderungen ihre allgemeine Anerkennung nicht wieder verloren haben (technischer Fortschritt – »Altersproblematik«).

cc) Konkretisierung der »allgemein anerkannten Regeln der Technik« außerhalb schriftlicher technischer Regelwerke

Auch wenn schriftliche technische Regelwerke bei der Konkretisierung der allgemein anerkannten Regeln der Technik eine große Rolle spielen, wird dieser Technikstandard nicht allein durch schriftlich niedergelegte Regelwerke konkretisiert. Trotz der in Deutschland vorhandenen »Normenflut« gibt es immer noch technische Bereiche, in denen die anerkannten und bewährten Vorgehensweisen keinen Eingang in schriftliche Regelwerke wie z. B. DIN-Normen gefunden haben, sondern allein nach den (überlieferten) Erfahrungen der Handwerker zu beurteilen sind. Als Beispiel sei hier nur das Zimmererhandwerk genannt.[33]

Für den Sachverständigen erweist sich die Feststellung der »allgemein anerkannten Regeln der Technik« außerhalb von schriftlich niedergelegten technischen Regelwerken als sehr problematisch. Vor dem gleichen Problem steht der Sachverständige, wenn er überprüfen will, ob die in einem schriftlichen technischen Regelwerk enthaltenen Anforderungen (noch) aktuell sind, d. h. ob diese auch derzeit (noch) der vorherrschenden Ansicht der Fachleute entsprechen und praktisch bewährt sind.

In solchen Fällen stehen dem Sachverständigen – neben seiner eigenen Erfahrung und Fachkunde – insbesondere folgende **Möglichkeiten zur Konkretisierung der »allgemein anerkannten Regeln der Technik«** zur Verfügung:[34]

31 BGH – VII ZR 184/97, BauR 1998, 872 (873).
Diese Grundsätze hat der BGH in seinem Urteil vom 14.06.2007 fortgeführt und weiterentwickelt: BGH – VII ZR 45/06, BauR 2007, 1570 ff.

32 Dazu schon: *Kamphausen*, BauR 1983, 175 f.

33 Vertiefung: Siehe zur Entwicklung der »allgemein anerkannten Regeln der Technik« bei handwerklichen Holztreppen von den seit Jahrhunderten überlieferten Erfahrungen der Handwerker bis hin zum »Regelwerk Handwerkliche Holztreppen« (erstmals erschienen 1998 [1. Aufl.]): *Seibel/Kanz*, in: *Seibel/Zöller*, Baurechtliche und -technische Themensammlung, Heft 5 (Handwerkliche Holztreppen).

34 Siehe auch: *Jagenburg*, Jahrbuch Baurecht 2000, 200 (208 f.); *Kamphausen/Warmbrunn*, BauR 2008, 25 (28); *Oswald*, db (deutsche bauzeitung) 9/98, 123 (130); *Seibel*, ZfBR 2008, 635 ff.

- eigene *wissenschaftliche Untersuchungen* (z. B. Baustoffprüfungen, Labortests, Berechnungen),
- Untersuchung und *Auswertung von Schadensfällen*,
- sorgfältige *Literaturauswertung*,
- Analyse von *Statistiken*,
- *fachlicher Erfahrungsaustausch* (z. B. innerhalb von sog. »Bausachverständigen-Netzwerken«),
- evtl. auch Durchführung einer *Befragung der maßgeblichen Fachleute*.

Ob die zuletzt genannte Möglichkeit der Befragung von Fachleuten eine taugliche Methode zur Ermittlung der überwiegend anerkannten und in der Praxis bewährten Vorgehensweise in einem technischen Bereich darstellt, wird zu Recht bezweifelt.[35] *Jagenburg*[36] hat – unter Bezugnahme auf die Ausführungen von *Oswald*[37] – gegen die **Tauglichkeit von Meinungsumfragen** folgende Bedenken vorgebracht:

»Dagegen sind Meinungsumfragen unter Bausachverständigen ... aus den von Oswald angeführten Gründen nachdrücklich abzulehnen. Zum einen ist schon die Auswahl derer, die an einer solchen Meinungsumfrage beteiligt werden, subjektiv-willkürlich, jedenfalls nicht kontrollierbar und ebenso zufällig wie die Zahl der Antworten, da anzunehmen ist, daß nicht jeder, der angeschrieben worden ist, auf eine solche Anfrage antwortet. Zum anderen kann der Kreis der Fachleute, die über die Frage der Praxisbewährung und Anerkennung einer Bauweise urteilen, nicht auf Bausachverständige beschränkt werden, die es nur mit einer ebenso zufälligen Zahl und Auswahl von Bauschadensfällen zu tun haben. Denn Bauschäden sind nur ein und nicht das einzige Beurteilungskriterium. Außerdem geht es den Bausachverständigen wie den Ärzten, Anwälten und Richtern: ihre Sicht beschränkt sich auf die „kranken« Fälle, mit denen sie es allein zu tun haben. Das verstellt den Blick für die Wirklichkeit und dafür, daß die Schadensfälle nicht die Regel, sondern die Ausnahme sind.“

Diese Ausführungen von *Jagenburg* enthalten – vor allem im ersten Teil – einige überzeugende Ansatzpunkte, die dagegen sprechen, das Ergebnis einer Meinungsumfrage unter Fachleuten zur Konkretisierung der allgemein anerkannten Regeln der Technik heranzuziehen. Es dürfte äußerst **schwierig** sein, durch eine solche Befragung ein im Ergebnis **repräsentatives Meinungsbild zu erhalten**. Dabei erweist sich schon die Auswahl derjenigen Personen, die an einer solchen Umfrage beteiligt werden sollen, als problematisch. Sodann stellt sich auch die Frage, ob aus den Antworten verlässliche Rückschlüsse gezogen werden können/dürfen.

Entgegen *Jagenburg* erweist sich aber insbesondere die **Erfahrung aus Schadensfällen** als sehr wichtiges – wenn nicht sogar als das wichtigste – Kriterium zur Bestimmung der Praxistauglichkeit einer Bauweise. Was sonst kann verlässlichere Rückschlüsse auf die Gebrauchstauglichkeit einer Bauweise geben als ein Schadensfall? Selbst wenn es sich dabei um einen Ausnahmefall handeln sollte.

dd) Maßgeblicher Beurteilungszeitpunkt: grds. Abnahme

Die »allgemein anerkannten Regeln der Technik« hat der Auftragnehmer grundsätzlich ***zum Zeitpunkt der Abnahme*** (= maßgeblicher Beurteilungszeitpunkt; ausdrücklich in § 13 Abs. 1 Satz 2 und Satz 3 VOB/B genannt) einzuhalten.[38]

Problematisch kann das Abstellen auf den Zeitpunkt der Abnahme jedoch dann sein, wenn sich die ***»allgemein anerkannten Regeln der Technik« während der Bauausführung und noch vor der Abnahme ändern*** – z. B. durch die Aktualisierung einer DIN-Norm. Hier bietet sich eine Differenzierung wie folgt an:[39]

War die Änderung ***für den Auftragnehmer vor der Bauausführung nicht vorhersehbar***, kann der Auftraggeber – worauf *Kniffka* zutreffend hinweist[40] – redlicherweise nur erwarten, dass der Auftragnehmer eine Werkleistung nach den im Zeitpunkt der Bauausführung maßgeblichen »allgemein anerkannten Regeln der Technik« verspricht. Denn anderenfalls müsste der Auftragnehmer nach der Änderung der »allgemein anerkannten Regeln der Technik« das Bauwerk direkt im Anschluss an die Bauausführung ändern, was niemand erwarten kann.

Das kann anders zu beurteilen sein, wenn die Änderung ***für den Auftragnehmer schon vor der Bauaus-***

35 *Jagenburg*, Jahrbuch Baurecht 2000, 200 (209 f.); *Oswald*, db (deutsche bauzeitung) 9/98, 123 (130).

36 *Jagenburg*, Jahrbuch Baurecht 2000, 200 (209).

37 *Oswald*, db (deutsche bauzeitung) 9/98, 123 (130).

38 Siehe z. B.: BGH – VII ZR 184/97, NJW 1998, 2814 (2815) = IBR 1998, 376 f. mit Anm. *Schulze-Hagen*.

39 Ausführlich zu diesem Aspekt: *Kniffka*, in: *Kniffka/Koeble*, Kompendium des Baurechts, 6. Teil Rdnr. 35 m.w.N.

40 *Kniffka*, in: *Kniffka*, ibr-online-Kommentar Bauvertragsrecht (Stand: 21.08.2017), § 633 Rdnr. 34.

führung (sicher) vorhersehbar war[41] – z. B. weil sie schon seit langer Zeit in den Fachkreisen diskutiert wurde und dort bekannt war.

Eine von den vorstehenden Aspekten zu trennende Frage ist diejenige nach den **Auswirkungen auf den Vergütungsanspruch** des Auftragnehmers. Das soll an dieser Stelle aber nicht weiter vertieft werden.[42]

Vertiefung zur Frage des Einhaltens der »allgemein anerkannten Regeln der Technik« während der Dauer der Verjährungsfrist von Mängelansprüchen: OLG Frankfurt - Blasbachtalbrücken-Urteil.[43]

II. Ausgewählte Beispiele aus der Rechtsprechung

Nach den bisher überwiegend dogmatischen Ausführungen sollen im Folgenden anhand von ausgewählten Beispielen zum Schallschutz aus der höchst- und obergerichtlichen Rechtsprechung die Bestimmung des Inhalts der »allgemein anerkannten Regeln der Technik« und das Zusammenspiel mit technischen Regelwerken veranschaulicht werden.

1. BGH, Urteil v. 14.05.1998 – VII ZR 184/97[44]

Die Ausführungen des BGH in seinem Urteil vom 14.05.1998 verdeutlichen das Zusammenspiel von technischen Normen und mangelhafter Bauleistung im Bereich des Schallschutzes:

»Das Berufungsgericht geht zwar zutreffend davon aus, daß das Schalldämm-Maß zunächst nach der vertraglichen Vereinbarung der Parteien zu beurteilen ist. Es verkennt jedoch, daß bei Beurteilung der Tauglichkeit des Werkes der Zeitpunkt der Abnahme maßgebend ist und daß die bloße Beachtung der DIN-Normen nicht besagt, daß damit den anerkannten Regeln der Technik genügt ist. ... Nach den Feststellungen des Berufungsgerichts haben die Parteien eine ausdrückliche Vereinbarung über die Ausführung eines erhöhten Schallschutzes nicht vorgetragen. ... Sollten sich dazu keine Feststellungen treffen lassen, kommt es darauf an, ob das Werk so hergestellt ist, daß es nicht mit Fehlern behaftet ist, die die Tauglichkeit zu dem gewöhnlichen Gebrauch aufheben oder mindern. Dabei sind die anerkannten Regeln der Technik von erheblicher Bedeutung. ... Das beachtet das Berufungsgericht nicht genügend. ... Rechtfehlerhaft sind auch die Erwägungen des Berufungsgerichts zu den anzuwendenden DIN-Normen. Es verkennt die Rechtsnatur und Bedeutung der DIN-Normen sowie den Begriff der anerkannten Regeln der Technik. Die DIN-Normen sind keine Rechtsnormen, sondern private technische Regelungen mit Empfehlungscharakter. Das Berufungsgericht entnimmt die Mangelfreiheit ohne weiteres einer DIN-Norm. Es legt damit DIN-Normen eine ihnen nicht zustehende Rechtsnormqualität bei. Auch die Frage, was unter anerkannter Regel der Technik zu verstehen ist, beurteilt das Berufungsgericht ebenso unzutreffend wie schon der Sachverständige F. überwiegend danach, welche DIN-Norm aktuell ist. Maßgebend ist nicht, welche DIN-Norm gilt, sondern ob die Bauausführung zur Zeit der Abnahme den anerkannten Regeln der Technik entspricht. DIN-Normen können die anerkannten Regeln der Technik wiedergeben oder hinter diesen zurückbleiben. Für den hier zu beurteilenden Bereich des Luftschallschutzes ist naheliegend, daß die bewerteten Schalldämm-Maße des Entwurfs von 1984 für Wohnungstrennwände und Wohnungstrenndecken, der den Werten der DIN 4109 Ausgabe 1962 entsprach, nicht mehr den anerkannten Regeln der Technik genügten. Dazu gibt es hinreichende Anhaltspunkte im veröffentlichten Schrifttum. In der DIN 4109, Ausgabe November 1989 (Seite 28), wird auch darauf hingewiesen, daß der Inhalt der DIN 4109 Ausgabe 1962 vollständig überarbeitet und dem Stand der Technik angepaßt wurde.“

Dieses Urteil des BGH enthält viele wichtige Grundsätze, die bei der Beurteilung der Mangelhaftigkeit einer Bauleistung zu beachten sind und die bereits im Rahmen dieses Vortrages dargestellt wurden. Von besonderem Interesse ist der Hinweis des BGH, DIN-Normen seien zur Ermittlung der Mangelhaftigkeit eines Gewerks allein nicht ausreichend. Nachdem eine spezielle vertragliche Vereinbarung nicht festzustellen war, stellte sich folgerichtig die Frage, ob das Gewerk für den nach dem Vertrag vorausgesetzten bzw. den gewöhnlichen Gebrauch geeignet war und ob es insofern den »allgemein anerkannten Regeln der Technik« entsprach. Das bloße Abstellen auf die einschlägige DIN-Norm reichte nicht aus. Dies wird hier umso

41 Dazu: OLG Düsseldorf – 22 U 32/04, BauR 2006, 996 ff. = IBR 2006, 549 (Inkrafttreten einer neuen Wärmeschutzverordnung vor dem Durchführen der Arbeiten).

42 Näher dazu: *Kniffka*, in: *Kniffka/Koeble*, Kompendium des Baurechts, 6. Teil Rdnr. 35; *Kniffka*, in: *Kniffka*, ibr-online-Kommentar Bauvertragsrecht (Stand: 21.08.2017), § 633 Rdnr. 34 – jeweils m.w.N.

43 OLG Frankfurt – 17 U 82/80, NJW 1983, 456 ff. Kritisch hierzu: *Jagenburg*, NJW 1982, 2412 (2415).

44 BGH – VII ZR 184/97, BauR 1998, 872 f.

deutlicher, wenn man sich – worauf der BGH zu Recht hinwies – vergegenwärtigt, dass die DIN 4109 bereits aus dem Jahr 1962 stammte und erst im Jahr 1989 grundlegend überarbeitet wurde. Gleichwohl war im Schrifttum und in den Fachkreisen schon vor 1989 klar, dass die in dieser DIN-Norm genannten Werte veraltet und nicht mehr aktuell sind.

Abschließend ist zu dem Urteil des BGH anzumerken, dass dem Hinweis, die DIN 4109 sei vollständig überarbeitet und dabei dem »*Stand der Technik*« angepasst worden, nicht zuzustimmen ist. Die DIN 4109 kann höchstens die »allgemein anerkannten Regeln der Technik« wiedergeben, nicht jedoch den »Stand der Technik«, der qualitativ auf einer höheren Stufe steht.

2. BGH, Urteil v. 04.06.2009 – VII ZR 54/07[45]

Mit Schallschutzproblemen musste sich der BGH auch in seinem Urteil vom 04.06.2009 befassen.

»Rechtsfehlerhaft vertritt das Berufungsgericht jedoch die Auffassung, die Beklagte schulde nur einen Schallschutz, der den Mindestanforderungen der DIN 4109 genüge. Das Berufungsgericht geht davon aus, dass ein Erwerber einer Eigentumswohnung den Vertrag, in dem hinsichtlich der Schalldämmung auf die DIN 4109 Bezug genommen worden ist, in der Regel dahin verstehen muss, dass die Mindestanforderungen dieser Norm gemeint sind. Von dieser Regel will es offenbar eine Ausnahme nur zulassen, wenn eine besonders exklusive Wohnung erworben wird oder der Vertrag Rückschlüsse darauf zulässt, dass eine besonders hochwertige Schalldämmung hergestellt werden soll. Dieser Ansatz ist verfehlt. Welchen Schallschutz die Parteien eines Vertrages über den Erwerb einer Eigentumswohnung vereinbart haben, richtet sich in erster Linie nach der im Vertrag getroffenen Vereinbarung. Der Senat hat in seinem nach Erlass des Berufungsurteils veröffentlichten Urteil vom 14. Juni 2007 (...) darauf hingewiesen, dass insoweit die im Vertrag zum Ausdruck gebrachten Vorstellungen von der Qualität des Schallschutzes, also der Beeinträchtigung durch Geräusche, maßgeblich sind. Vorzunehmen ist eine Gesamtabwägung, in die nicht nur der Vertragstext einzubeziehen ist, sondern auch die erläuternden und präzisierenden Erklärungen der Vertragsparteien, die sonstigen vertragsbegleitenden Umstände, die konkreten Verhältnissen des Bauwerks und seines Umfeldes, der qualitative Zuschnitt, der architektonische Anspruch und die Zweckbestimmung des Gebäudes zu berücksichtigen sind (BGH, Urteil vom 14. Juni 2007 - VII ZR 45/06, aaO). Der Senat hat auch darauf hingewiesen, dass der Erwerber einer Wohnung oder Doppelhaushälfte mit üblichen Komfort- und Qualitätsansprüchen in der Regel einen diesem Wohnraum entsprechenden Schallschutz erwarten darf und sich dieser Schallschutz nicht aus den Schalldämm-Maßen nach DIN 4109 ergibt. Denn die Anforderungen der DIN 4109 sollen nach ihrer in Ziffer 1 zum Ausdruck gebrachten Zweckbestimmung Menschen in Aufenthaltsräumen lediglich vor unzumutbaren Belästigungen durch Schallübertragung schützen. Das entspricht in der Regel nicht einem üblichen Qualitäts- und Komfortstandard. Der Senat hat ferner darauf hingewiesen, dass die Schallschutzanforderungen der DIN 4109 hinsichtlich der Einhaltung der Schalldämm-Maße nur insoweit anerkannte Regeln der Technik darstellen, als es um die Abschirmung von unzumutbaren Belästigungen geht. Soweit weitergehende Schallschutzanforderungen an Bauwerke gestellt werden, wie z.B. die Einhaltung eines üblichen Komfortstandards oder eines Zustandes, in dem die Bewohner „im Allgemeinen Ruhe finden«, sind die Schalldämm-Maße der DIN 4109 von vornherein nicht geeignet, als anerkannte Regeln der Technik zu gelten. Insoweit können aus den Regelwerken die Schallschutzstufen II und III der VDI-Richtlinie 4100 aus dem Jahre 1994 oder das Beiblatt 2 zur DIN 4109 Anhaltspunkte liefern. Diese Erwägungen gelten nicht nur dann, wenn die Parteien keine ausdrücklichen Vereinbarungen zum Schallschutz getroffen haben, sondern grundsätzlich auch dann, wenn sie hinsichtlich der Schalldämmung auf die DIN 4109 Bezug nehmen, wie das im zu beurteilenden Fall bezüglich der Trittschalldämmung geschehen ist. Denn auch in diesem Fall hat eine Gesamtabwägung stattzufinden, bei der die gesamten Umstände des Vertrages zu berücksichtigen sind. Der Umstand, dass im Vertrag auf eine Schalldämmung nach DIN 4109 Bezug genommen wird, lässt schon deshalb nicht die Annahme zu, es seien die Mindestanforderungen der DIN 4109 vereinbart, weil diese Werte in der Regel keine anerkannten Regeln der Technik für die Herstellung des Schallschutzes in Wohnungen sind, die üblichen Qualitäts- und Komfortstandards genügen (LG München I, IBR 2008, 727, mit Volltext in www.ibr-online.de). Der Erwerber kann ungeachtet der sonstigen Vereinbarungen grundsätzlich erwarten, dass der Veräußerer einer noch zu errichtenden Eigentumswohnung den Schallschutz nach den zur Zeit der Abnahme geltenden anerkannten Regeln

45 BGH – VII ZR 54/07, BauR 2009, 1288 ff. = IBR 2009, 447 ff. mit Anm. *Seibel*.

der Technik herstellt (BGH, Urteil vom 14. Mai 1998 - VII ZR 184/97, BGHZ 139, 16, 18). Das hat auch die Beklagte in der Baubeschreibung unter dem Stichwort »Grundlagen der Planung und Ausführung« versprochen. Den Hinweis auf die DIN 4109 muss der Erwerber nicht dahin verstehen, der Unternehmer wolle davon abweichen. Vielmehr ist der Verweis auf die DIN 4109 redlicherweise lediglich dahin zu verstehen, dass ein diesem Normwerk entsprechender Schallschutz versprochen wird, soweit die DIN 4109 anerkannte Regel der Technik ist. Will ein Unternehmer von den anerkannten Regeln der Technik abweichen, darf der Erwerber über den Hinweis auf die DIN 4109 hinaus eine entsprechende Aufklärung erwarten, die ihm mit aller Klarheit verdeutlicht, dass die Mindestanforderungen der DIN 4109 nicht mehr den anerkannten Regeln der Technik entsprechen, der Erwerber also einen Schallschutz erhält, der deutlich unter den Anforderungen liegt, die er für seine Wohnung erwarten darf (vgl. BGH, Urteil vom 16. Juli 1998 - VII ZR 350/96, BGHZ 139, 244; Urteil vom 9. Juni 1996 - VII ZR 181/93, BauR 1996, 732 = ZfBR 1996, 264; Urteil vom 17. Mai 1984 - VII ZR 169/82, BGHZ 91, 206; Kögl, BauR 2009, 156 f.). Darüber hinaus können die sich aus den sonstigen Umständen des Vertrages ergebenden Anforderungen an den vertraglich vereinbarten Schallschutz nicht durch einen einfachen Hinweis auf die DIN 4109 überspielt werden. Die Gesamtabwägung wird vielmehr regelmäßig ergeben, dass der Erwerber ungeachtet der anerkannten Regeln der Technik einen den Qualitäts- und Komfortstandards seiner Wohnung entsprechenden Schallschutz erwarten darf. In der Regel hat der Erwerber keine Vorstellung, was sich hinter den Schalldämm-Maßen der DIN 4109 verbirgt, sondern allenfalls darüber, in welchem Maße er Geräuschbelästigungen ausgesetzt ist oder in Ruhe wohnen kann bzw. sein eigenes Verhalten nicht einschränken muss, um Vertraulichkeit zu wahren (BGH, Urteil vom 14. Juni 2007 - VII ZR 45/06, aaO). Kann der Erwerber nach den Umständen erwarten, dass die Wohnung in Bezug auf den Schallschutz üblichen Qualitäts- und Komfortstandards entspricht, dann muss der Unternehmer, der hiervon vertraglich abweichen will, deutlich hierauf hinweisen und den Erwerber über die Folgen einer solchen Bauweise für die Wohnqualität aufklären. Auch insoweit kann dem nicht näher erläuterten Hinweis auf die DIN 4109 nur untergeordnete Bedeutung zukommen (vgl. auch OLG Stuttgart, BauR 1977, 279; OLG Nürnberg, BauR 1989, 740). Da zu den bei der Vertragsauslegung zu berücksichtigenden Umständen auch gehört, welcher Schallschutz nach den die anerkannten Regeln der Technik einzuhaltenden Bauweisen erbracht werden kann (BGH, Urteil vom 14. Juni 2007 - VII ZR 45/06, aaO), kann sich im Einzelfall etwas anderes z.B. dann ergeben, wenn höhere Schalldämm-Maße als nach der DIN 4109 wegen der Besonderheiten der Bauweise nicht oder nur mit ungewöhnlich hohen Schwierigkeiten eingehalten werden können. Die auf der fehlerhaften Auslegung des vertraglich geschuldeten Schallschutzes beruhende Abweisung der Klage kann daher nicht aufrechterhalten bleiben. Das Berufungsurteil ist aufzuheben und die Sache an das Berufungsgericht zurückzuverweisen. Für die neue Verhandlung weist der Senat auf Folgendes hin: Das Berufungsgericht muss die Vertragsauslegung nach den vorgenannten Kriterien erneut vornehmen. Maßgeblich ist, ob die Wohnung den üblichen Qualitäts- und Komfortstandards genügen sollte. Einen »herausgehobenen, exklusiven Eindruck« muss eine Wohnung nicht vermitteln, um als den üblichen Ansprüchen genügende Komfortwohnung einen Schallschutz über den Mindestanforderungen der DIN 4109 erwarten zu lassen. Der Sachverständige G. spricht sowohl im Gutachten vom 14. Juli 2004 als auch in seinem Schreiben vom 14. September 2004 von »hohem Wohnstandard« und bestätigt dies in seiner mündlichen Anhörung vor dem Berufungsgericht vom 13. Februar 2007. Die Baubeschreibung spricht an verschiedenen Stellen von »gehobener Ausstattung«, »neuestem Stand«, »repräsentativer Konstruktion«, »hochwertiger Anlage«. Treppen und Treppenhäuser werden »akustisch entkoppelt« und erhalten einen »hochwertigen Steinbelag«. Die Wohnungseingangstüren werden in »schalldichter behindertengerechter Ausführung« beschrieben. Die Ver- und Entsorgungsleitungen werden »gegen Schallübertragung und Wärmeverlust isoliert«. Die Rede ist von »geräuscharmen Spülkästen und Abluftanlagen«. Die Werbeprospekte preisen die Anlage als »Wohnpark City E.", als „Wohn- und Geschäftsresidenz« an, als »ehrgeiziges Bauvorhaben, das sich von allen Seiten sehen lassen kann«, mit »unverwechselbarer Architektur« und »lichtdurchfluteten Wohnungen«. Der Kaufpreis der klägerischen Wohnung betrug 1996 583.000 DM für eine 110 qm große Maisonettenwohnung. Die Auslegung des Berufungsgerichts, damit sei kein exklusiver Standard vereinbart, muss mangels einer rechtzeitigen Rüge vom Senat hingenommen werden. Das Berufungsgericht wird seine Auffassung in der neuen Verhandlung jedoch prüfen und jedenfalls erwägen müssen, ob ein üblicher Komfort- und Qualitätsstandard vereinbart ist. Daran können keine ernsthaften Zweifel bestehen. Das Berufungsgericht wird deshalb auch zu prüfen haben, welcher Schallschutz für eine solche Wohnung vereinbart ist. Im Hinblick darauf, dass die Schallschutzwerte der VDI-Richtlinie 4100 für übliche Komfortwohnungen und die erhöh-

ten Werte der DIN 4109 Beiblatt 2 offenbar identisch sind, gibt es deutliche Anhaltspunkte, dass jedenfalls diese Schallschutzwerte auch vereinbart sind. Das Berufungsgericht wird bei der Ermittlung des geschuldeten Schallschutzes auch berücksichtigen müssen, dass bei gleichwertigen, anerkannten Bauweisen der Besteller angesichts der hohen Bedeutung des Schallschutzes im modernen Haus- und Wohnungsbau erwarten darf, dass der Unternehmer jedenfalls dann diejenige Bauweise wählt, die den besseren Schallschutz erbringt, wenn sie ohne nennenswerten Mehraufwand möglich ist. Ist eine Bauweise nicht vereinbart worden, so kann der Bauunternehmer sich zudem nicht auf Mindestanforderungen nach DIN 4109 zurückziehen, wenn die von ihm gewählte Bauweise bei einwandfreier Ausführung höhere Schalldämm-Maße ergibt (BGH, Urteil vom 14. Juni 2007 - VII ZR 45/06, aaO Tz. 29; vgl. dazu auch Locher-Weiß, Rechtliche Probleme des Schallschutzes, 4. Aufl., S. 30)."

Die Entscheidung des BGH vom 04.06.2009 ist erfreulich klar und unmissverständlich. Ihr ist hinsichtlich der Ausführungen zum vertraglich geschuldeten Schallschutz uneingeschränkt zuzustimmen.

Die Anforderungen der DIN 4109 werden schon nach dieser Vorschrift selbst als **Mindestanforderungen an den Schallschutz im Hochbau** bezeichnet. Zweckrichtung dieser Vorschrift ist nach ihrer Ziffer 1. der Schutz von Menschen in Aufenthaltsräumen vor unzumutbaren Belästigungen. Schon danach ist klar, dass die DIN 4109 eine im modernen Wohnungsbau übliche Schallschutzqualität nicht konkretisieren kann. Bei der Präzisierung der »allgemein anerkannten Regeln der Technik« kann sie somit nicht weiterhelfen.

Nun stellt sich die Frage, welche rechtlichen Konsequenzen eintreten, wenn **im Bauvertrag ausdrücklich »Schalldämmung nach DIN 4109« vereinbart** wurde. Greift man im Rahmen der Mängelbeurteilung zunächst auf § 633 Abs. 2 Satz 1 BGB zurück, müsste man eigentlich zu dem Ergebnis gelangen, dass in diesem Fall mit dem Einhalten der Schalldämm-Maße nach DIN 4109 die vertraglich ausdrücklich vereinbarte Beschaffenheit eingehalten wurde und somit kein Baumangel vorliegen kann. Weit gefehlt: In seiner Entscheidung vom 04.06.2009 wies der BGH vollkommen zu Recht darauf hin, dass neben der ausdrücklichen vertraglichen Beschaffenheitsvereinbarung grundsätzlich immer auch die »allgemein anerkannten Regeln der Technik« einzuhalten sind. Für den VOB/B-Vertrag folgt das direkt aus dem Wortlaut von § 13 Abs. 1 Satz 2 VOB/B; dies gilt unter Berücksichtigung des Gesetzgeberwillens jedoch unzweifelhaft auch für den BGB-Vertrag.[46] Unabhängig von dem Vertragswortlaut hat der Unternehmer damit grundsätzlich immer auch die »allgemein anerkannten Regeln der Technik« zu beachten. Ungeachtet dessen erweist sich die Ermittlung des vertraglich geschuldeten Schallschutzes stumpf nur nach dem Wortlaut der Baubeschreibung etc. schon deswegen als untauglich, weil insofern natürlich – wie bei anderen Verträgen auch – die Begleitumstände in die Auslegung des Vertrages mit einbezogen werden müssen. Mit anderen Worten: Der im Vertrag zum Ausdruck gebrachte Erklärungsgehalt muss anhand der Begleitumstände des Einzelfalles sachgerecht nach dem objektiven Empfängerhorizont (§§ 133, 157 BGB) ausgelegt werden.

Kaum nachvollziehbar ist dabei, dass der 21. Zivilsenat des OLG Hamm (als Vorinstanz der BGH-Entscheidung vom 04.06.2009) den Erwerbern der Wohnung in seiner Entscheidung vom 13.02.2007[47] einfach unterstellte, diese hätten den vertraglichen Hinweis »Schalldämmung nach DIN 4109« als Verweis auf die Mindestanforderungen der DIN verstehen müssen. Einerseits ist – wie der BGH in seinem die Entscheidung des OLG Hamm aufhebenden Urteil vom 04.06.2009 überzeugend ausführt – regelmäßig davon auszugehen, dass der Erwerber einer Wohnung keinerlei Vorstellung von den Schalldämm-Maßen der DIN 4109 und deren praktischer Bedeutung hat. Vielmehr verfügt der Bauunternehmer gegenüber dem Besteller/Erwerber über die überlegene Sachkunde. Den vertraglichen Hinweis auf die DIN 4109 muss ein Erwerber daher nicht ohne Weiteres dahin verstehen, der Unternehmer wolle negativ von den »allgemein anerkannten Regeln der Technik« abweichen. Der Verweis auf die DIN 4109 ist redlicherweise allein dahin zu verstehen, dass ein diesem Normwerk entsprechender Schallschutz versprochen wird, *soweit* die DIN 4109 anerkannte Regel der Technik ist. Das OLG Hamm hatte auch keinerlei Anhaltspunkte dafür, davon auszugehen, die Erwerber hätten über besondere technische Kenntnisse in diesem Bereich verfügt oder hätten sich mit einer qualitativ minderwertigeren Ausführung als der allgemein üblichen zufriedengeben wollen. Weiterhin ist zu beachten, dass in der Baubeschreibung an verschiedenen Stellen von »gehobener Ausstattung«, »neuestem Stand«, »repräsentativer Konstruktion«,

46 Siehe: BT-Drucks. 14/6040, S. 261 (linke Spalte unten), sowie *Kniffka*, in: *Kniffka/Koeble*, Kompendium des Baurechts, 6. Teil Rdnr. 31, 35.

47 OLG Hamm – 21 U 1/06, juris. Dazu: *Seibel*, Der Bausachverständige 2/2010, 67 ff.

»hochwertiger Anlage« etc. und damit von einer qualitativ hochwertigen Ausführung die Rede war. Wieso sollte der Schallschutz dann nur entsprechend der DIN 4109 und damit unterhalb der »allgemein anerkannten Regeln der Technik« auszuführen gewesen sein?

Wollte man der Entscheidung des OLG Hamm vom 13.02.2007 folgen, hätte dies zudem die Folge, dass sich Bauunternehmer allein durch einen bloßen Hinweis im Bauvertrag ihrer Verpflichtung zum Einhalten der »allgemein anerkannten Regeln der Technik« entziehen könnten – dieses Ergebnis überzeugt nicht! Gerade unter Berücksichtigung der in technischer Hinsicht regelmäßig bestehenden fachlichen Disparität zwischen Bauunternehmer und Bauherr.

Der BGH wies in seiner Entscheidung vom 04.06.2009 auf einen wichtigen Grundsatz hin, der an dieser Stelle noch einmal deutlich herausgestellt werden soll:

> *Ein Bauunternehmer, der von den »allgemein anerkannten Regeln der Technik« vertraglich abweichen will, muss den Auftraggeber deutlich hierauf hinweisen und ihn über die Folgen einer solchen Bauweise aufklären.*

Diesen Grundsatz hat der BGH neulich auch noch einmal wiederholt.[48] Die Möglichkeit des Unterschreitens der »allgemein anerkannten Regeln der Technik« im Bauvertrag darf jedoch nicht vorschnell verallgemeinert werden.[49]

3. OLG Stuttgart, Urteil v. 17.10.2011 – 5 U 43/11[50]

Eine Ausnahme von dem gerade dargestellten Grundsatz hat das OLG Stuttgart in seinem Urteil vom 17.10.2011 erkannt. Dem lag der Sachverhalt zugrunde, dass eine Bauträgerin (Klägerin) mehrere Architekten (Beklagte) mit der Planung u. a. von Reihenhäusern beauftragte. Im Architektenvertrag war u. a. geregelt, dass die Architekten das Projekt nach den Regeln der Baukunst ausführen sollten. Außerdem hatten sie für die Käufer der Häuser eine Baubeschreibung zu erstellen, wobei die Bauträgerin ihnen hierfür ein Konzept zur Verfügung stellte. Hinsichtlich des Schallschutzes waren in der für die Häuser erstellten Baubeschreibung folgende Formulierungen enthalten: »Schallisolierung nach DIN 4109« sowie »Die Reihenhaustrennwände werden zur besseren Schallisolierung in Stahlbeton hergestellt.« Da die Trennwände später einschalig ausgeführt wurden, nahm die Bauträgerin die Architekten wegen fehlerhafter Planung (Schallmängeln) auf Schadensersatz in Anspruch. Dies hat das OLG Stuttgart mit folgender Begründung abgelehnt:

»... scheidet im Streitfall ein Planungsfehler der Beklagten aus. Denn die Klägerin hat den Beklagten ausdrücklich die Anweisung zu einer einschaligen Planung erteilt, die damit Vertragsinhalt wurde. Selbst wenn eine einschalige Bauausführung zum Zeitpunkt der Planung der Beklagten bereits nicht mehr den allgemein anerkannten Regeln der Technik entsprochen haben sollte, scheidet eine Mängelhaftung der Beklagten aus, da diese Bauausführung von der Klägerin als Vertragssoll so vorgegeben war. Diese Anweisung der Klägerin geht dabei der allgemeinen vertraglichen Verpflichtung der Beklagten nach Ziff. 4, das Projekt »nach den Regeln der Baukunst ... auszuführen«, vor. ... Die einschalige Bauausführung war eine bewusste Entscheidung der Geschäftsleitung der Klägerin. Auf dieser Grundlage hat die Klägerin die Kaufpreise gegenüber den Erwerbern kalkuliert. Der Zeuge ... hat bestätigt ..., dass es zwischen allen Beteiligten klar war, dass die Reihenhäuser so wie bisher, nämlich einschalig wie bei den vorangegangenen Bauvorhaben ... und einem weiteren Bauvorhaben ..., zu planen waren. Die Frage, wie mit einschaligen Haustrennwänden der Schallschutz zu gewährleisten sei, wurde ausdrücklich zwischen der Klägerin, dem Beklagten Ziff. 2, dem Ingenieurbüro ... und dem Ingenieurbüro ... diskutiert ... . Entsprechend hat sich die Klägerin ... bereits beim Bauvorhaben ... beim Bauphysiker ..., beim Statiker ... und auch beim Beklagten Ziff. 2 ausdrücklich rückversichert, welchen Mindestquerschnitt die Haustrennwand haben muss, um den Mindestschallschutz nach DIN 4109 zu erreichen ... . Die Klägerin ließ dabei anfragen, ob es ausreiche, die Trennwände in Stahlbeton mit einer Stärke von lediglich 24 cm zu erstellen. Die Klägerin wurde vom Ingenieurbüro ... daraufhin darüber informiert, dass mit 24 cm dicken Wänden der Schallschutznachweis – bezogen auf die Anforderungen der DIN 4109 – nicht geführt werden könne. ... Dem Geschäftsführer der Klägerin war es damit nach allem klar, dass die einschalige Bauausführung gerade im Hinblick auf den Schallschutz problematisch sein kann. ... Die Klägerin als Bauherrin hat sich damit bewusst dafür entschieden, die Häuser nur einschalig zu bauen und damit nur den Mindestschallschutz nach DIN 4109

48 Siehe: BGH – VII ZR 209/11, BauR 2013, 624 Rdnr. 23.

49 Ausführlich dazu: *Seibel*, ZfBR 2010, 217 ff.

50 OLG Stuttgart – 5 U 43/11, BauR 2012, 302 (Ls.) = NJW 2012, 539 ff. = NZBau 2012, 179 ff.

zu gewährleisten. Dies war für die Beklagten verbindliche Planungsvorgabe. ... Eine Verpflichtung der Beklagten, die Klägerin darüber aufzuklären, dass bei Reihenhäusern ein höherer, über die DIN 4109 hinausgehender Schallschutz normal ist, der nur durch Zweischaligkeit erzielt werden kann, bestand angesichts der eindeutigen Planungsvorgabe der Klägerin nicht.«

Konsequent formulierte das OLG Stuttgart folgenden **Leitsatz** zu diesem Urteil:

»Ein Bauträger kann den mit der Planung von Reihenhäusern beauftragten Architekten nicht wegen Fehlplanung mit der Begründung in Haftung nehmen, das Bauwerk entspreche hinsichtlich des Schallschutzes – trotz Einhaltung der DIN 4109 – nicht dem Stand der Technik, da eine einschalige statt einer doppelschaligen Bauweise geplant worden sei, wenn er vom Fach ist und dem Architekten auf Augenhöhe gegenübersteht und die einschalige Bauweise nach Einschaltung von Schallschutzgutachtern gezielt von ihm aufgrund einer bewussten Entscheidung angeordnet worden ist und er schon vor Erstellung der Planung die Kaufpreise entsprechend verbindlich kalkuliert hat.«

Vorstehende Ausführungen des OLG Stuttgart geben Anlass zu folgenden Hinweisen:

Ein **Unterschreiten des Mindeststandards »allgemein anerkannte Regeln der Technik«** durch den Unternehmer **muss die Ausnahme bleiben** und kommt grundsätzlich nur bei einem *umfassenden, fehlerfreien Hinweis auf sämtliche Folgen* in Betracht. Dabei muss der Unternehmer in diesem Hinweis die Unterschiede der späteren Bauausführung im Vergleich zur allgemein üblichen verständlich erklären und die Auswirkungen dieser Bauweise auf die Wohnqualität darlegen. Willigt der Auftraggeber dann – trotz Kenntnis der Folgen – in das negative Abweichen von der allgemein üblichen Beschaffenheit ein, ist dies seine *privatautonom* getroffene Entscheidung, an der er sich später grundsätzlich festhalten lassen muss. An die Aufklärung durch den Unternehmer sind jedoch hohe Anforderungen zu stellen, weshalb von diesem Vorgehen grundsätzlich nur abgeraten werden kann.[51]

Diese Grundsätze können anders zu beurteilen sein, wenn der Vertragspartner des Unternehmers kein »normaler« (technisch unkundiger), sondern ein technisch versierter Auftraggeber ist – etwa ein Bauträger, der regelmäßig Bauvorhaben verwirklicht und um die besonderen Probleme z. B. im Bereich des Schallschutzes weiß.[52] Ein solcher Auftraggeber verdient sicherlich weniger Schutz als ein privater Bauherr, der oft nur einmal in seinem Leben baut und in technischen Dingen völlig unerfahren ist. Sollte der Bauunternehmer also einen Vertrag mit einem erfahrenen Auftraggeber schließen, mag der bloße Hinweis auf eine technische Vorschrift genügen, um die darin verkörperten Anforderungen zur vertraglichen Beschaffenheit werden zu lassen. Dies wird in die vom BGH geforderte Gesamtabwägung mit einzubeziehen sein, was das OLG Stuttgart in seiner Entscheidung getan hat.

An dieser Stelle ist jedoch noch einmal deutlich zu betonen, dass es sich bei der Entscheidung des OLG Stuttgart um eine Ausnahme- bzw. Sonderkonstellation handelt, die nicht mit dem vom BGH am 04.06.2009 entschiedenen Sachverhalt vergleichbar ist.

Autor

Der Referent ist Vizepräsident des Landgerichts Siegen. Von Dezember 2010 bis Dezember 2013 war er wissenschaftlicher Mitarbeiter im u. a. für das Bau- und Architektenrecht zuständigen VII. Zivilsenat des Bundesgerichtshofs in Karlsruhe. Danach war er bis August 2015 beim Oberlandesgericht Hamm in einem Bausenat tätig. Sodann wurde er zum Vizepräsidenten des Landgerichts Siegen ernannt. Dort leitet er eine Baukammer.

Im Technik- sowie (öffentlichen und privaten) Baurecht ist er durch zahlreiche Buchveröffentlichungen, Aufsätze in Zeitschriften (u. a. BauR, BauSV, BrBp, DRiZ, IBR, IMR, MDR, NJW, Rpfleger, VersR, ZfBR), Vorträge und Seminarveranstaltungen bekannt. Er leitet den Arbeitskreis III »Bauprozessrecht« des 7. Deutschen Baugerichtstags und ist fortlaufend in der Richter-, Rechtsanwalts- sowie Sachverständigenfortbildung tätig. Zudem ist er Mitherausgeber der Zeitschrift »IBR Immobilien- & Baurecht« und ständiger Mitarbeiter der Zeitschriften »baurecht (BauR) - Zeitschrift für das gesamte öffentliche und private Baurecht«, »ZfBR - Zeitschrift für deutsches und internationales Bau- und Vergaberecht« und »Der Bausachverständige« (dort

51 Dazu: *Seibel*, Baumängel und anerkannte Regeln der Technik, Rdnr. 223 ff.; *Seibel*, IBR 2009, 448.

52 Siehe auch: *Kniffka*, in: *Kniffka*, Bauvertragsrecht, § 633 Rdnr. 35 m.w.N.

auch Mitglied des Beirates) sowie Autor bzw. (Mit-)Herausgeber folgender Werke:

- *Zöller*, Kommentar zur ZPO
  (Mitautor ab der kommenden 32. Aufl., Köln 2018 – Verlag Otto Schmidt)
- *Nicklisch/Weick/Jansen/Seibel*, Kommentar zur VOB/B
  (4. Aufl., München 2016 – Verlag C.H.Beck)
- *Seibel*, Baumängel und anerkannte Regeln der Technik
  (1. Aufl., München 2009 – Verlag C.H.Beck)
- *Seibel*, ibr-online-Kommentar Selbständiges Beweisverfahren
  (online seit 15.04.2010: www.ibr-online.de und www.beck-online.de)
- *Seibel*, Selbständiges Beweisverfahren – Kommentar zu §§ 485 bis 494a ZPO unter besonderer Berücksichtigung des privaten Baurechts
  (1. Aufl., München 2013 – Verlag C.H.Beck)
- Baurechtliche und -technische Themensammlung
  (Begründer und Mitherausgeber bis zu Heft 8; vormals: *Seibel/Zöller* und *Staudt/Seibel*; Heftsammlung, fortlaufend erweitert, Grundwerk: Köln/Stuttgart 2011 – Bundesanzeiger Verlag / Fraunhofer IRB Verlag)
- *Seibel u. a.*, Zwangsvollstreckungsrecht aktuell
  (3. Aufl., Baden-Baden 2016 – Nomos Verlag; 4. Aufl. in Vorbereitung)
- *Siebert/Eichberger*, AnwaltFormulare Bau- und Architektenrecht, dort: § 11 Zwangsvollstreckung
  (2. Aufl., Bonn 2015 – Deutscher Anwaltverlag; 3. Aufl. in Vorbereitung)
- *Staudt/Seibel*, Handbuch für den Bausachverständigen
  (3. Aufl., Köln/Stuttgart 2014 – Bundesanzeiger Verlag / Fraunhofer IRB Verlag; 4. Aufl. in Vorbereitung)